安徽现代农业职业教育集团
服务"三农"系列丛书

Shanyang Siyang Shiyong Jishu

山羊饲养实用技术

主　编　王立克
副主编　王淑娟

图书在版编目(CIP)数据

山羊饲养实用技术/王立克主编. —合肥：
安徽大学出版社，2014.1(2015.11 重印)
(安徽现代农业职业教育集团服务“三农”系列丛书)
ISBN 978-7-5664-0674-3

Ⅰ.①山… Ⅱ.①王… Ⅲ.①山羊—饲养管理
Ⅳ.①S827

中国版本图书馆 CIP 数据核字(2013)第 302078 号

山羊饲养实用技术 王立克 **主编**

出版发行： 北京师范大学出版集团
安 徽 大 学 出 版 社
(安徽省合肥市肥西路 3 号 邮编 230039)
www.bnupg.com.cn
www.ahupress.com.cn

印　　刷： 安徽省人民印刷有限公司
经　　销： 全国新华书店
开　　本： 148mm×210mm
印　　张： 3.25
字　　数： 90 千字
版　　次： 2014 年 1 月第 1 版
印　　次： 2015 年 11 月第 3 次印刷
定　　价： 12.00 元
ISBN 978-7-5664-0674-3

策划编辑： 李　梅　武溪溪　　**装帧设计：** 李　军
责任编辑： 刘　扬　武溪溪　　**美术编辑：** 李　军
责任校对： 程中业　　**责任印制：** 赵明炎

序

解决“三农”问题，是农业现代化乃至工业化、信息化、城镇化建设中的重大课题。实现农业现代化，核心是加强农业职业教育，培养新型农民。当前，存在着农民“想致富缺技术，想学知识缺门路”的状况。为改变这个状况，现代农业职业教育必然要承载起重大的历史使命，着力加强农业科学技术的传播，努力完成培养农业科技人才这个长期的任务。农业科技图书是农业科技最广博、最直接、最有效的载体和媒介，是当前开展“农家书屋”建设的重要组成部分，是帮助农民致富和学习农业生产、经营、管理知识的有效手段。

安徽现代农业职业教育集团组建于2012年，由本科高校、高职院校、县(区)中等职业学校和农业企业、农业合作社等59家理事单位组成。在理事长单位安徽科技学院的牵头组织下，集团成员牢记使命，充分发掘自身在人才、技术、信息等方面的优势，以市场为导向、以资源为基础、以科技为支撑、以推广技术为手段，组织编写了这套服务“三农”系列丛书，全方位服务安徽“三农”发展。本套丛书是落实安徽现代农业职业教育集团服务“三农”、建设美好乡村的重要实践。丛书的编写更是凝聚了集体智慧和力量。承担丛书编写工作的专家，均来自集团成员单位内教学、科研、技术推广一线，具有丰富的农业科技知识和长期指导农业生产实践的经验。

丛书首批共22册，涵盖了农民群众最关心、最需要、最实用的各类农业科技知识。我们殚精竭虑，以新理念、新技术、新政策、新内容，以及丰富的内容、生动的案例、通俗的语言、新颖的编排，为广大农民奉献了一套易懂好用、图文并茂、特色鲜明的知识丛书。

深信本套丛书必将为普及现代农业科技、指导农民解决实际问题、促进农民持续增收、加快新农村建设步伐发挥重要作用，将是奉献给广大农民的科技大餐和精神盛宴，也是推进安徽省农业全面转型和实现农业现代化的加速器和助推器。

当然，这只是一个开端，探索和努力还将继续。

安徽现代农业职业教育集团

2013年11月

前　言

养殖业是我国农业经济结构中的支柱产业，是农业增效、农民增收的主要途径。20 世纪，我国养殖业刚刚起步，规模小，投资少，技术比较落后。21 世纪以来，我国养殖业已经进入一个全新的发展时期，主要以新的养殖模式——集约化模式为主。

我国养羊业历史悠久，是农村的一项传统产业。由于我国草资源的特点和山羊固有的特性，我国南方地区主要以养殖山羊为主。山羊可以利用天然牧草、农作物副产品及其他副产品，将人类不能利用的资源转化为人们能够利用的多种畜产品资源，因此，山羊具有极大的利用价值和经济价值。

我国现代养羊技术虽然已得到很大改进，但对绝大部分养殖场和养殖户来说，还有待进一步提高。为普及科学的山羊饲养知识，改进传统养羊方式和方法，加快养羊业发展的步伐，我们查阅了大量国内、外有关山羊养殖方面的文献，结合编者长期从事山羊养殖技术指导工作的经验，组织编写了本书。该书分五个章节介绍了山羊养殖相关知识和应用技术。第一章介绍了山羊主推品种，对我国地方品种和培育品种、引进品种中的常见品种都做了详细的介绍，并附有图片诠释；第二章介绍了山羊的营养与饲料，对山羊的营养需要、饲料种类、日粮配制及加工等方面进行了详细的说明；第三章介绍了山羊的繁殖技术，重点介绍了山羊的发情与配种、妊娠与分娩以及提高繁殖力的措施；第四章介绍了山羊的饲养管理，主要分为山羊的生物学特性和消化机能的特点、山羊的一般饲养管理原则、各类山羊的饲养管理、山羊的放牧及山羊的日常管理等方面；第五章介绍了羊场的设计与建设，结合图片，对羊场的选址、羊舍建设、羊舍类型、羊场设施等方面做了详细介绍。

本书图文并茂，内容系统，语言通俗易懂，实用性和可操作性强，是山羊养殖场、养殖小区技术人员和生产管理人员的实用参考书。

本书在编写过程中参考了专家、学者们的相关文献资料，在此对其作者深表感谢。由于水平有限，书中难免有不足和疏漏之处，敬请关注山羊养殖业发展的广大读者和同仁批评指正。

编 者

2013年11月

目 录

第一章 山羊品种

目前全世界有山羊品种 200 多个，按生产用途可分为六类，分别为乳用山羊、毛用山羊、绒用山羊、毛皮山羊、肉用山羊和普通山羊。

一、我国主要地方品种

1. 黄淮山羊

图 1-1　黄淮山羊(有角)

图 1-2　黄淮山羊(无角)

黄淮山羊原产于河南、安徽、江苏三省，是我国山羊中数量最多的一个品种。该品种在黄淮地区饲养年代悠久，耐粗放的饲养条件，适应性强，对严寒酷暑都能较好地适应，性情活泼，行动敏捷，具有“猴羊”之称。

(1)外貌特征　黄淮山羊体格中等，分为有角和无角两种类型。公、母羊均有胡须，身体结构匀称，呈圆桶形。毛色以白色为主(占

90%以上),也有黑、青、花色者。毛短、粗、稀,光泽呈丝光,毛层基部绒毛较少。有角类型的山羊具有颈短、腿短、身腰短的特征;无角类型的山羊则颈长、腿长、身腰长(见图1-1,1-2)。

(2)生产性能 成年公羊体重34千克,母羊26千克左右。羔羊生长发育快,9月龄可长到成年体重的90%左右。产区当地习惯7～10月龄屠宰,屠宰率为49.8%,净肉率为40.5%。肉的品质好,肥嫩、鲜美、膻味轻,是寒冷季节人们喜爱的食品。

黄淮山羊以板皮品质好而著名,尤以秋、冬季节宰杀山羊的板皮质量为最好。其板质致密,毛孔细小而均匀,分层多而不破碎,每张板皮可分6～7层,拉力强而柔软,韧性大而弹力高,是优质的制革原料,为我国大宗出口传统物资,在国际市场上享有很高声誉。

黄淮山羊繁殖性能好。性成熟早,其年龄为3个多月,一般在6月龄以上可配种,全年发情,多集中在每年的3～4月份和9～10月份。一般母羊可一年2胎或两年3胎,每胎多羔,平均每胎产羔率238%。

2.济宁青山羊

济宁青山羊产于山东省西南部,是我国独特的羔皮用山羊品种。产区地势平坦,气候温和,雨量适中,无霜期长,农林副产品充足,为饲养济宁青山羊创造了良好条件。

图1-3 济宁青山羊

(1)外貌特征 青山羊体格较小。公羊体高55～60厘米,母羊约20厘米。公羊体重约30千克,母羊约26千克。公、母羊均有角,角向后上方生长。颈部较细长,背直,尻微斜,腹部较大,四肢短而结实(见图1-3)。被毛由黑、白二色毛混生而成青色,其角、蹄、唇也为青色,前膝为黑色,故有“四青一黑”的特征。因被毛中黑、白二色毛的比例

不同又可分为正青色(黑毛数量占30%～60%)、粉青色(黑毛数量占30%以下)、铁青色(黑毛数量在60%以上)3种。

(2)生产性能　成年公羊产毛300克左右,产绒50～150克;母羊产毛约200克,产绒25～50克。主要产品是猾子皮,为羔羊出生后3天内宰剥加工制成的毛皮,其特点是毛细、短,长约2.2厘米,密紧适中,在皮板上构成美丽的花纹,花型有波浪、流水及片花,为国际市场上的有名商品。皮板面积为1100～1200厘米^2,是制造翻毛外衣、皮帽、皮领的优质原料。青山羊生长快,性成熟早,4月龄即可配种,母羊常年发情,年产2胎或两年产3胎,一胎多羔,平均产羔率为293.65%。屠宰率为42.5%。

3.马头山羊

马头山羊是湖北省、湖南省肉皮兼用的地方优良品种之一,主产于湖北省十堰、恩施等地区和湖南省常德、黔阳等地区。马头山羊体形、体重、初生重等指标在国内地方品种中位居前列,是国内山羊地方品种中生长速度较快、体形较大、肉用性能最好的品种之一。

图1-4　马头山羊

(1)外貌特征　马头山羊公、母羊均无角,头形似马,性情迟钝,群众俗称“懒羊”。体形呈长方形,结构匀称,骨骼坚实,背腰平直,肋骨开张良好,臀部宽大,稍倾斜,尾短而上翘(见图1-4)。毛被以白色为主,有少量黑色和麻色。

(2)生产性能　成年公羊平均体重43.8千克,成年母羊平均33.7千克。生后2个月断奶的羯羔在放牧和补饲条件下,7月龄体重可达23千克左右,胴体重10.5千克左右,屠宰率为52.34%;成年羯羊屠宰率在60%左右。早期肥育效果好,膻味较轻,肉质鲜嫩。板皮品质良好、张幅大,平均面积8190厘米^2。另外,一张皮可烫退粗毛

0.3～0.5千克，毛洁白、均匀，是制毛笔、毛刷的上等原料。马头山羊性成熟早，四季可发情，产羔率190%～200%。

4.建昌黑山羊

建昌黑山羊主要产于云贵高原和青藏高原之间的横断山脉延伸地带，主要分布在四川凉山彝族自治州的会理、会东海拔2500米以下的地区。

图1-5　建昌黑山羊

(1)外貌特征　建昌黑山羊体格中等，体躯匀称，略呈长方形(见图1-5)。头呈三角形，鼻梁平直，两耳向前倾立，公、母羊绝大多数有角、有髯，公羊角粗大，呈镰刀状，略向后外侧扭转；母羊角较小，多向后上方弯曲，向外侧扭转。毛被光泽好，大多为黑色，少数为白色、黄色和杂色。毛被内层生长有短而稀的绒毛。

(2)生产性能　建昌黑山羊成年公羊平均体重为31.0千克，成年母羊为28.9千克。建昌黑山羊皮板张幅大，面积为5000～6400厘米^2，厚薄均匀，富于弹性。建昌黑山羊具有生长发育快、产肉性能好、皮板品质好的特点。公羊8～10月龄、母羊6～7月龄开始配种繁殖。母羊一般年产1.7胎。产羔率：初产193%，2～4胎246%。

二、培育品种

1.关中奶山羊

关中奶山羊因产于陕西省关中地区而得名，又名陕西武功奶山羊，主要分布在陕西省渭河平原，即关中盆地。该品种是我国当前比较优秀的奶山羊品种。

(1)外貌特征　关中奶山羊外形颇似萨能奶山羊，体质结实，结构匀称，遗传性能稳定。头长额宽，鼻直嘴齐，眼大耳长(见图1-6)。

母羊颈长，胸宽背平，腰长尻宽，乳房庞大，形状方圆；公羊颈部粗壮，前胸开阔，腰部紧凑，外形雄伟，四肢端正，蹄质坚硬，全身毛短色白。皮肤粉红，耳、唇、鼻及乳房皮肤上偶有大小不等的黑斑。部分羊有角和肉垂。

图 1-6　关中奶山羊

(2)生产性能　成年公羊体重 85～100 千克，母羊体重 50～55 千克。一个泌乳期为 6～8 个月，产奶量为 400～700 千克，含脂率为 3.5%左右。母羊性成熟期为 4～5 月龄，一般 1 岁左右配种，秋季发情，产羔率 160%左右。

2.崂山奶山羊

崂山奶山羊原产于山东省胶州半岛，主要分布在山东省青岛市崂山县及其周围各县，是崂山一带群众培育而成的一个产奶性能高的地方优良品种。

图 1-7　崂山奶山羊

(1)外貌特征　崂山奶山羊的外貌与萨能奶山羊近似，体质结实粗壮，结构紧凑匀称，头长额宽，鼻直，眼大，嘴齐，耳薄并向前方伸展，全身白色，毛细、短，皮肤粉红有弹性(见图 1-7)。成年羊头、耳、乳房有浅色黑斑，公、母羊大多无角，有肉垂。公羊颈粗，雄壮，胸部宽深，背腰平直，腹大不下垂，四肢较高，蹄质结实，蹄壁呈淡黄色，睾丸大小适度、对称、发育良好；母羊体躯发达，乳房基部发育良好，上方下圆，皮薄毛稀，乳头大小适中对称。

(2)生产性能　成年公羊体重 80 千克以上，母羊 45 千克以上。一个泌乳期为 7～8 个月，产奶量为 450～700 千克，高产的在 1000 千克以上。该品种是萨能、土根堡公羊与当地母羊杂交改良而成的。母羊属于季节性多次发情家畜，产后 4～6 个月开始发情，每年 9～11

月为发情旺季，平均产羔率为172%，经产母羊年产羔率可达190%。

4.南江黄羊

南江黄羊是在四川大巴山区培育成的一个优良肉用山羊品种，产于四川省南江县，1995年10月，由农业部组织鉴定并确认为我国肉用性能最好的山羊新品种。南江黄羊具有较强的生态适应性，特别适合我国南方各省饲养。

图1-8　南江黄羊

(1)外貌特征　南江黄羊被毛黄色，毛短而富有光泽，面部毛色黄黑，鼻梁两侧有一对称的浅色条纹。公羊颈部及前胸着生黑黄色粗长被毛，自枕部沿背脊有一条黑色毛带，十字部后渐浅。头大适中，鼻微拱，有角或无角。体躯略呈圆桶形，颈长度适中，前胸深广，肋骨开张，背腰平直，四肢粗壮(见图1-8)。

(2)生产性能　南江黄羊成年公羊体重40～55千克，母羊34～46千克。公、母羔平均初生重为2.28千克，2月龄公羔体重为9～13.5千克，母羔为8～11.5千克。屠宰率为49%，净肉率38%。南江黄羊性成熟早，3～5月龄初次发情，母羊6～8月龄体重达25千克左右时开始配种，公羊12～18月龄体重达35千克左右时参加配种。产羔率为200%左右。

此外，正在培育中的奶山羊品种群有：延边奶山羊、滨北奶山羊、广州奶山羊、河北奶山羊、河南奶山羊、浙江奶山羊、成都奶山羊等。

三、引进品种

1.乳用山羊品种

(1)萨能奶山羊　萨能奶山羊产于瑞士，是世界上最优秀的奶山羊品种之一。其分布最广，除气候十分炎热或寒冷的地区外，世界各

国几乎都有，现在半数以上的奶山羊品种与它都有血缘关系。

①外貌特征：萨能奶山羊具有乳用家畜的特有体形（呈倒三角形）。公、母羊均无角，耳长直立，部分个体颈下有一对肉垂，被毛白色或乳白色，由粗短有髓毛组成。体躯宽深，背长而直，四肢坚实，乳房发育良好（见图 1-9）。成年公羊体重 75～100 千克，母羊 50～65 千克。

图 1-9　萨能奶山羊

②生产性能：萨能奶山羊年平均产乳量为 600～1200 千克，含脂率为 3.8%～4.0%，泌乳期 8～10 个月，产羔后第 2～3 个月产奶量最高。萨能奶山羊性成熟早，一般 10～12 月龄配种，秋季发情，年产羔一次，多产双羔，产羔率为 160%～220%。

(2)吐根堡奶山羊　吐根堡奶山羊原产于瑞士，其适应性强，产奶量高，与萨能奶山羊同享盛名，是著名的乳用山羊品种之一，广泛分布于英、美、法、奥地利、荷兰以及非洲等国家。

①外貌特征：吐根堡奶山羊体形略小于萨能羊，也具有乳用羊特有的楔形体形（见图 1-10）。被毛褐色或深褐色，随年龄增长而变浅。颜面两侧各有一条灰白色的条纹，鼻端、耳缘、腹部、臀部、尾下及四肢下端均为灰白色。公、母羊均有须，部分无角，有的有肉垂。骨骼结实，四肢较长，蹄壁呈蜡黄色。公羊体长，颈细瘦，头粗大；母羊皮薄，骨细，颈长，乳房大而柔软，发育良好。

图 1-10　吐根堡奶山羊

②生产性能：成年公羊体重 60～80 千克，母羊 45～60 千克。一个泌乳期（8～10 个月）平均产乳量为 600～1200 千克，含脂率为 3.5%～4.0%。吐根堡奶山羊全年发情，但多集中在秋季，其繁殖性能与萨能山羊相似，平均产羔率为 173.4%。

(3)努比山羊 努比山羊又名纽宾山羊，因原产于埃及尼罗河上游的努比地区而得名，饲养在非洲很多国家。因其原产于干旱、炎热的地区，所以耐热性好，对严寒、潮湿的气候适应性差。在我国广西、四川等地多有引入，属肉乳兼用型。

①外貌特征：努比山羊毛色较杂，有红、黑、灰、白、棕等色，以红色和黑色居多。绝大多数公、母羊无须，被毛细短有光泽。两耳宽长，下垂至下颌部。公、母羊的角呈螺旋状，头颈相连处肌肉丰满呈圆形，颈较长且躯干较短，乳房发育良好，四肢细长(见图1-11)。

图1-11 努比山羊

②生产性能：成年公羊体重50～70千克，母羊35～40千克。努比山羊产奶量比萨能奶山羊低，一个泌乳期为5个月，产奶量为300～800千克，含脂率较高，为4%～7%。努比山羊性情温驯，繁殖率高，可年产2胎，每胎2～3羔。产羔率为190%。

2.毛用山羊品种：安哥拉山羊

安哥拉山羊是世界上著名的毛用山羊品种，原产于土耳其、安哥拉地区。土耳其政府对安哥拉山羊特别重视，从1881年开始将其作为专利品种，勒令禁止安哥拉山羊的出口，以期实现安哥拉山羊业的垄断经营。安哥拉山羊适应干燥的大陆性气候，对高温、潮湿、多雨的环境不适应。

图1-12 安哥拉山羊

(1)外貌特征 安哥拉山羊全身白色，体格中等，成年公羊体重45～50千克，母羊30～35千克。公母羊均有角，公羊角大，长可达

38～50 厘米;母羊角小,长 20～25 厘米。唇端或耳缘有深色斑点,耳大下垂,长约 15～16 厘米,颈部细短,体躯窄,骨骼细(见图1-12)。

(2)生产性能

①产毛性能:安哥拉山羊的毛被基本上由两型毛组成,部分羊只毛被中含有 3%～5%的粗短有髓毛。羊毛细度一般为 40～46 支,羊毛毛股长为 16～25 厘米,最长达 35 厘米。按照毛辫的形状可分为螺旋形和波浪形两种,以波浪形毛辫弯曲较好。羊毛的光泽呈玻光。成年公羊剪毛量为 4.5～6.0 千克,母羊为 3～4 千克,净毛率为 65%～85%。安哥拉山羊毛在国际市场上被称为"马海毛"(Mahair),羊毛纤维光滑、强度大、可纺性能好,最适于纺织提花毛毯、银枪大衣呢。优质马海毛可用于纺织高级服装用料。

②繁殖性能:安哥拉山羊生长发育慢,性成熟晚。6～8 月龄开始性成熟,母羊一般在一岁半配种,配种季节在 10～11 月份。母羊繁殖率低,双羔率仅为 5%～10%。羊羔娇嫩,在草原放牧情况下,每 100 只母羊仅能繁殖成活 75～80 只羔羊。

3.肉用山羊品种:波尔山羊

波尔山羊原产于南非,素有"肉羊之父"的美称,具有体形大、生长快、繁殖力强、产羔多、屠宰率高、产肉多、肉质细嫩、耐粗饲、适应性强和抗病力强的特点。波尔山羊适应性强,能适应世界各地不同的生态环境,用其改良当地山羊,杂交一代体重可提高 50%以上,在我国江苏、山东、重庆等地区多有饲养。

图 1-13　波尔山羊

(1)外貌特征　波尔山羊大致可分为以下五种类型:普通型、长毛型、无角型、土种型和改良型。毛色为白色,头颈为红褐色,额端到唇端有一条白色毛带。波尔山羊耳宽下垂,被毛短而稀,头部粗壮,眼大、棕色，口颚结构良好，额部突出，曲线与鼻和角的弯曲相应，鼻呈鹰钩状，躯体呈圆桶形，体大而紧凑，肌肉丰满结实，胸宽深，肩肥厚，腿强健，背宽而平直，肋骨张开良好，尻宽长而不过斜，臀部肉厚，但轮廓可见，具有较好的肉用体形（见图 1-13）。公、母羊均有角，角坚实，长度中等。公羊角基粗大，向后、向外弯曲；母羊角细而直立，有鬃，耳长而大，宽阔下垂。

(2)生产性能

①产肉性能：成年波尔山羊公、母羊体重分别约达 60 千克和 65 千克。波尔山羊胴体瘦而不干，厚而不肥，色泽纯正，膻味小，多汁鲜嫩，肉骨比为 4.7∶1，骨仅占 17.5％（其他山羊约为 22％）。8～10 月龄的屠宰率为 48％，2 岁为 50％。

②繁殖性能：波尔山羊是典型的季节性繁殖动物，秋季是其性活动旺盛期。小母羊 5～6 月龄、体重 27.4～31.1 千克时首次发情，妊娠期为 149 天。波尔山羊的初配年龄为 10～12 月龄，有可能两年产 3 胎。年产 1 胎的母羊产羔率为 160％～220％，羔羊中双羔占 60％，三羔占 15％，年产羔 2.5～3.0 只。波尔山羊公羊性成熟比母羊稍迟，其性欲和精液质量随季节而变化，每年 2 月份精液品质最好，冻精解冻后活力为 0.47；5 月份品质最差，解冻后活力为 0.23；在夏、秋季节则无差异。

第二章
山羊的营养与饲料

世界上山羊的种类及数量很多，而对它们的营养与饲料的研究却相对比较少，其合理营养供给得不到应有的重视。实际上，为生产优质的肉、奶、毛并繁殖后代，山羊必须采食能够保证其生存和用于合成这些产品的营养物质。

一、山羊营养需要

做好山羊饲养，首先必须了解山羊的营养需要。山羊和其他家畜一样，在生产活动中需要各种营养物质，主要有碳水化合物、蛋白质、脂肪、矿物质、维生素等。这些营养物质主要来源于饲料。对于不同生产性能的山羊，要合理地饲喂不同饲料，以提高生产效益。

1. 维持营养需要

维持营养需要是指在仅满足羊的基本生命活动（呼吸、消化、体液循环、体温调节等）的情况下，羊对各种营养物质的需要。山羊要维持自身的生长发育，就必须从外界环境中摄取营养成分，以保持机体正常活动的需要，也就是将从饲料中获取的营养物质转化为机体的组织，形成畜产品。

(1)能量　能量是饲料中的重要成分，也是山羊生产性能的限制性因素。山羊所需的能量主要来自饲料中的三大有机物，即蛋白质、碳水化合物和脂肪在体内进行生物氧化释放的化学能量。其中,碳水化合物在植物性饲料中占70%左右,是山羊所需能量的主要来源。

饲料能必须从两个方面考虑:消化能和代谢能。在确定饲料对动物的潜在价值时,消化能这一指标不及代谢能实用,因为代谢能不仅考虑了尿中损失的能量,也考虑了食物在消化过程中产生气体所损失的能量。为此,美国全国科学研究委员会(NRC)和英国农业和食品研究委员会(AFRC)等都采用代谢能作为反刍动物能量的指标。

山羊能量需要还受其运动量的影响。山羊生性好动,其运动量直接关系到能量需要。山羊在放牧情况下的能量需要高于舍饲,在优质牧场放养的山羊耗能增加25%,在半干旱草地放养的增加50%,在荒漠草地和高山坡放养的增加75%。

(2)蛋白质 蛋白质是山羊生命的物质基础,它不但可以提供山羊所需的能量,而且是组织生长和修复的重要原料。体内各器官和组织都含有大量的蛋白质,乳、肉、骨、毛、皮等均以蛋白质为主要成分。缺少蛋白质会影响健康、生长和繁殖,降低生产力和产品品质以及对疾病的抵抗力。羊体内的各种酶、内分泌物、色素和抗体等大多是氨基酸的衍生物。离开了蛋白质,生命就无法维持。在维持饲养条件下,蛋白质主要是满足组织新陈代谢和维持正常生理机能的需要。山羊维持的可消化蛋白质(DCP)是60～80克/100千克体重。NRC推荐的氮平衡值是0.86～1.5克/千克。

(3)矿物质 山羊体内各部位都含有矿物质,约占体重的3%～5%,是体组织和细胞,特别是骨骼的重要成分,是保障健康、维持生长繁殖和进行生产必不可少的营养物质。山羊需要的矿物质元素种类约23种。常量元素7种,微量元素16种。常量元素包括钙、磷、钠、钾、氯、镁、硫;微量元素包括铁、铜、钴、碘、锰、锌、硒、钼、氟、硅、铬。日粮中需要考虑添加的矿物质有钙、磷、钠、钾、氟、铁、铜、钴、碘、锰、锌、硒12种。

(4)维生素　维生素是维持正常生理机能所必需的物质，其主要功能是调节代谢作用。维生素不足会引起体内营养物质代谢的紊乱。

山羊维生素需要量因其体重大小、年龄长幼和健康状况不同而不同。小的、年幼的山羊比大的、年长的、成熟而未生产的山羊维生素需要量大。

维生素分为脂溶性和水溶性两大类。脂溶性维生素在体内有一定的储备，短时供应不足对山羊的生长无不良影响；水溶性维生素在体内不能贮存，需每日由日粮提供，包括B族维生素和维生素C(维生素C可在山羊体内合成)。成年羊瘤胃微生物可合成B族维生素和维生素K。

(5)水　水是体液的主要成分，对正常的物质代谢有特殊作用。各种营养物质在体内的消化、吸收、运输、代谢等生理活动都需要水。另外，水可调节体温，保持体温恒定。水还参与体内的各种生化反应，调节体内的渗透压，保持细胞的正常形态。为山羊提供充足、卫生的饮水，是山羊保健的重要环节。如果饲料中含有60%的水，山羊可获得足够的水而不需要饮水。在温带地区，非泌乳山羊所需的干物质和水的比例是1∶2，泌乳山羊是1∶3.5。饮水的多少，取决于气候条件、产奶量、饲料进食水平和饲料含水量。

2.生长育肥营养需要

(1)山羊生长育成营养需要　哺乳期是羔羊一生中生长发育强度最大而又最难饲养的阶段，稍有不慎不仅会影响羊的发育和体质，还会造成羔羊发病率和死亡率增加，给养羊生产造成重大损失。羊从出生到1.5岁，肌肉、骨骼和各器官组织的发育较快，需要沉积大量的蛋白质和矿物质，尤其从出生至8月龄，是羊生长发育最快的阶段，对饲养的要求较高。羔羊的哺乳前期(0～8周龄)主要依靠母乳来满足其营养需要，母乳充足时，羔羊发育好、增重快、健康活泼。而到后期(9～16 周龄),必须对羔羊进行单独补饲。哺乳期羔羊的生长发育非常快,每千克增重仅需母乳 5 千克左右。羔羊断奶后,日增重略低一些,在一定的补饲条件下,羔羊 8 月龄前的日增重可保持在 100～200 克。羊增重的主要成分是蛋白质和脂肪。在山羊的不同生理阶段,蛋白质和脂肪的沉积量是不一样的。

到了育成阶段,山羊主要依靠饲料来满足其生长发育的营养需要。这一阶段的增重虽然没有哺乳期那样迅速,但是在 8 月龄以前,如果饲养条件好,山羊的日增重仍可达 150～200 克。山羊在生长发育阶段的可塑性很大,营养充足与否直接影响到山羊成年后的体形与体重。山羊体躯各部位生长发育的强度不一致,头部、四肢及皮肤等在早期就发育完成,胸腔、骨盆、腰部等部位发育较晚,所需时间较长。若营养先好后差,早期发育的组织与器官得到充分的生长,而后期发育的组织与器官生长则会发育不良,如生产实践中所见的四肢较长但胸腔较窄与浅的山羊;若营养先差后好,早期发育的组织与器官的生长会受到抑制,晚熟的组织与器官的生长发育则会受到促进,山羊体形亦出现畸形。

山羊在育成阶段对蛋白质的需求较多。从断奶后到 15 月龄的母羊需要可消化蛋白质 105～110 克,公羊需要 135～160 克。育成阶段骨骼生长发育迅速,对矿物质的需要量大,尤其是对钙、磷的需求非常迫切。育成期的母羊,每日需钙 5.0～6.6 克、磷 3.2～3.6 克。维生素对育成阶段的山羊也十分重要,尤其是维生素 A 和维生素 D。若饲料中缺乏维生素 A,山羊易出现表皮组织角质化、神经系统功能退化、繁殖性能下降、免疫力下降等症状;若缺乏维生素 D,山羊表现为生长发育不良、体形短小,甚至出现佝偻病等。育成羊及空怀母羊的饲养标准见表 2-1。

表 2-1　育成羊及空怀母羊的饲养标准(每日每羊)

月龄	体重(千克)	风干饲料(千克)	消化能(兆焦)	可消化粗蛋白质(克)	钙(克)	磷(克)	食盐(克)	胡萝卜素(毫克)
4～6	25～30	1.2	10.9～13.4	70～90	3.0～4.0	2.0～3.0	5～8	5～8
6～8	30～36	1.3	12.6～14.6	72～95	4.0～5.2	2.8～3.2	6～9	6～8
8～10	36～42	1.4	14.6～16.7	73～95	4.5～5.5	3.0～3.5	7～10	6～8
10～12	37～45	1.5	14.6～17.2	75～100	5.2～6.0	3.2～3.6	8～11	7～9
12～18	42～50	1.6	14.6～17.2	75～95	5.5～6.5	3.2～3.6	8～11	7～9

(2)山羊育肥营养需要　育肥的目的就是要增加羊肉和脂肪等可食部分,改善羊肉品质。羔羊的育肥以增加肌肉为主,而成年羊的育肥主要是增加脂肪。

①精料:山羊育肥对精料的配制有一定要求。山羊好动,能量消耗较大。谷物饲料(如玉米、高粱)的比例可控制在50%～80%,糠麸类10%～20%,饼粕类10%～25%,也可以考虑添加1%～5%的动物性饲料。在育肥期间,能量水平应由低到高进行调整。育肥羊精料以颗粒形式饲喂,可提高育肥率10%以上。

②生长促进剂:在山羊育肥期,可在精料中添加生长促进剂等饲料添加剂,主要有莫能霉素钠(也叫瘤胃素)和盐霉素钠等。它们是目前世界各国都批准使用的生长促进剂,在动物体内没有残留,能提高山羊的增重。瘤胃素在提高饲料转化率上效果明显,其添加量是每千克精料中添加15～25毫克;盐霉素钠添加量是每千克精料10～30毫克。据报道,山羊饲料中添加其中一种,即可使山羊日增重提高10%～20%,节省饲料10%～15%。

③非蛋白氮:根据山羊的消化生理特点,瘤胃微生物可利用非蛋白氮物质——磷酸脲提供非蛋白氮。氨、氮在瘤胃的释放速度慢,而磷酸脲使用安全,不像尿素那样容易发生氨中毒,并且含有可溶性磷,便于动物吸收。

④缓冲剂:山羊饲粮由以牧草为主过渡到以精料为主,其瘤胃内

环境会发生一系列的变化，此时补加缓冲剂，有利于维持其正常消化功能，提高山羊的增重和饲料利用率。常用的缓冲剂有碳酸氢钠（也叫小苏打）和氧化镁等。以碳酸氢钠为例，向精料中添加1%左右的碳酸氢钠，或每只羊每天10克，可使羊只的增重提高10%左右。氧化镁的作用和功效同碳酸氢钠，喂量占精料的0.15%～1%，添加时应逐渐加量，使山羊有一个适应的过程。

⑤微量元素、维生素和氨基酸添加剂：这类添加剂是营养性的，它们的作用在于平衡日粮的营养价值，最大限度地提高饲料中各种营养素的作用，改善饲料转换效率，提高动物的生产性能。微量元素主要为铜、铁、锰、锌、钴、碘、硒等；维生素主要为维生素A、维生素D、维生素E和少量的B族维生素；氨基酸主要是赖氨酸和蛋氨酸，这些氨基酸必须提前经过保护性处理，否则达不到应有的效果。这类添加剂的配制涉及的要素多，要求的条件高，通常养殖户可以购置上述产品，按使用说明向饲料中添加。

3.繁殖营养需要

山羊的繁殖性能与其身体状况好坏有着密切的关系，而营养水平是影响山羊身体状况的重要因素，所以，要提高山羊繁殖力，必须保证山羊的营养需求。

(1)种公山羊的营养需要　公羊质量的好坏直接影响到羊群的生产水平。种公羊的营养需要因配种与非配种季节而不同，但一般应维持在较高的水平，使种公羊保持常年健壮、精力充沛，维持中等以上的膘情。

• 非配种期：肉用种公山羊在非配种期，除放牧外，每天每头可补喂1～1.5千克干草、2～3千克多汁饲料、0.5千克精料。在配种前1.5～2个月就应按照配种期营养需求进行饲养。

• 配种期：肉用种公山羊在配种期，每头每天可补喂1～1.5千克苜蓿干草、1～1.5千克混合精料（也可按体重的1%～1.5%补给

精料)、0.5～1 千克胡萝卜,另加 2 个鸡蛋。全部精料和粗料分早、中、晚 3 次喂给。配种前 20 天需做采精训练及精液品质检查,精子密度低的种公羊,加喂动物性蛋白质饲料和胡萝卜,并加强运动,促进精液品质提高。配种期结束后,混合精料暂不减量,先增加放牧时间,半月后再减少混合精料,过渡到非配种期饲养。

(2)种母山羊的营养需要　种母山羊承担着配种、妊娠、哺乳和提高后代生产性能等繁重任务。为获得较高的繁殖效率,可按照其生理阶段(空怀期、妊娠期和哺乳期)提供不同的营养。

• 空怀期:空怀阶段的母山羊若是采用放牧或放牧与舍饲结合的饲养方式,基本上不需要补充精料。舍饲的母羊要注意营养的全面性,矿物质和维生素等都要满足山羊的生理需求。

• 妊娠期:母羊妊娠期为 5 个月,前 3 个月为妊娠前期,后 2 个月为妊娠后期,这两个阶段的饲养管理有一定的区别。

妊娠前期的胎儿发育比较慢,母山羊的营养需要并不比空怀期时多多少。放牧形式饲养的山羊,在牧草旺盛期,山羊足可从牧草中获得所需营养,但在枯草期,需补加优质干草和青贮料。对高产母山羊应补给 0.2 千克左右的精料,并补充一些多汁饲料。舍饲母山羊必须要提供一定数量的优质蛋白、矿物质和维生素,以满足胎儿生长发育的营养需要。

到妊娠后期,胎儿生长发育迅速、增重大,为满足胎儿对营养物质的需要,应加强对母山羊的饲养,供给较高水平的营养。此期间母羊必须补饲体积较小、营养价值较高的优质干草和精料,能量营养不宜过高,蛋白质、矿物质、维生素含量应较高,钙、磷应增加 40%～50%,比例为 2∶1。放牧后每日补饲 1～1.5 千克干草、1～1.5 千克青贮饲料、0.3～0.5 千克精料,具体补饲量依据母羊的体重和身体状况而定。

• 泌乳期:母羊分娩后,泌乳期的长短和泌乳量的高低,对羔羊的生长发育和健康都有着重要的影响。哺乳母山羊的饲养重点应放在哺乳前期,以获得较高的产乳量,并保证母山羊的健康。

母羊产羔后的60天为哺乳前期,此阶段是母山羊泌乳期饲养的关键时期,也是母乳培育羔羊的关键时期。因此,必须保证母山羊的全价饲养,要加大精料补饲量,多喂多汁饲料、青贮料,以增加泌乳量并保持膘情。哺乳前期,母山羊的营养水平可按其泌乳量而定,通常每千克鲜奶需风干饲料0.6千克,可使羔羊增重176克。同时,母山羊此期的营养补充还应考虑哺乳羔羊数。在放牧条件下,产双羔肉用种母山羊每天需补饲混合精料0.4～0.6千克、苜蓿干草1千克、多汁饲料1.5千克;产三羔肉用种母山羊每天需补饲混合精料0.8～1.0千克、苜蓿干草1.5千克、多汁饲料2～2.5千克,并保证充足的饮水。

产羔2个月后为哺乳后期,此期间母山羊的泌乳量大大降低,羔羊已经能采食青草和粉碎的精料,应逐渐减少母羊补饲直至取消为止。

断奶前一周,要减少母山羊的多汁饲料、青贮料喂量,停喂精料,防止乳房炎的发生。

4.奶山羊的营养需要

产奶是母羊的生理机能。山羊奶中的酪蛋白、白蛋白、乳脂和乳糖等营养成分,都是饲料中不存在的,必须经乳房合成。当饲料中碳水化合物和蛋白质供应不足时,会影响产奶量,缩短泌乳期。对高产奶山羊,需补饲一定量的混合精料。钙、磷的含量和比例对产奶量都有较明显的影响,较合理的钙、磷比例为(1.5～1.7)∶1。维生素A、维生素D对奶山羊的产奶量也有明显的影响,必须从日粮中补充,尤其在舍饲时,给奶山羊提供较充足的青绿多汁饲料,有促进产奶的作用。据观察,当母乳中缺乏维生素D时,羔羊对钙、磷的吸收和利用能力会下降,其生长和发育会受到阻碍。

二、饲料种类

1.动物饲料的分类

我国习惯上按饲料的来源、理化性状、营养成分和生产价值等条件，将饲料分为植物性饲料、动物性饲料、矿物质性饲料和其他添加剂饲料。这一分类方法不能反映出饲料的营养特性，因此，1983 年我国根据国际饲料命名及分类原则，将饲料按其营养特性分为 8 大类，并使其命名数字化，各种饲料均有编码(见表 2-2)。

表 2-2　饲料国际分类法及其限制条件

饲料编号	饲料归类	水分含量(%)	干物质纤维含量(%)	干物质粗蛋白含量(%)
1-00-000	粗饲料	<45	≥18	不考虑其含量
2-00-000	青绿饲料	≥60	不考虑其含量	
3-00-000	青贮饲料	≥45		
4-00-000	能量饲料	<45	<18	<20
5-00-000	蛋白质饲料	<45	<18	≥20
6-00-000	矿物饲料		包括工业合成的及天然单一矿物质饲料等	
7-00-000	维生素饲料		指工业或提纯的单一或复合维生素	
8-00-000	添加剂		指非营养性添加剂，如防腐剂、抗氧化剂、抗生素等	

2.常用的饲料种类

(1)粗饲料　主要包括干草类、农副产品类、树叶类、糟渣类等。粗饲料来源广、种类多、价格低，是山羊冬、春季的主要饲料来源。

①干草：青草在结籽实以前收割下来，经晒干制成干草。优良的干草饲料中可消化蛋白质的含量应在 12%以上，干物质损失为 18%～30%。草粉是羊配合饲料的一种重要成分，它的含水量在 8%～12%。

②秸秆类:可饲用的有稻草、玉米秸、麦秸、豆秸等。秸秆类饲料通常要搭配其他粗饲料混合粉碎、饲喂。

③秕壳类:秕壳是农作物籽实脱壳后的副产品。其中,大豆荚是一种较好的粗饲料。

(2)青饲料 青饲料在饲料分类系统中属第二类饲料,它以富含叶绿素而得名,种类繁多,主要包括天然牧草、栽培牧草、青饲作物、叶菜类饲料、树枝树叶及水生植物等。按饲料分类原则,这类饲料主要指天然水分含量高于60%的青绿多汁饲料。

青饲料的营养特点是含水量高,陆生植物的水分含量为75%~90%,而水生植物的水分含量大约为95%,因此,青饲料的热能值低。一般禾本科牧草和蔬菜类饲料的粗蛋白质含量在1.5%~3%之间,含赖氨酸较多,故可以补充谷物饲料中赖氨酸的不足。青饲料干物质中粗纤维含量不超过30%,叶、菜类干物质中的粗蛋白含量不超过15%,无氮浸出物含量在40%~50%。植物开花或抽穗之前,粗纤维含量较低,矿物质占青饲料鲜重的1.5%~2.5%,钙磷比例较佳,胡萝卜素含量在50~80毫克/千克,维生素B_6很少,缺乏维生素D。青干苜蓿中维生素B_2含量在6.4毫克/千克,比玉米籽实高3倍。青饲料与由它调制的干草可长期单独作为山羊的日粮。

但值得注意的是,青饲料若长时间堆放,保管不当,会发霉腐败,或者在锅里加热或煮后焖在锅里过夜,会促使细菌将青饲料中原含有的硝酸盐还原为亚硝酸盐而具有毒性。如果青饲料煮熟后焖在锅里保存24~48小时,亚硝酸盐的含量可达200~400毫克/千克。

(3)青贮饲料 青贮饲料是由含水分多的植物性饲料经密封、发酵后而成的,主要用于喂养反刍动物。青贮饲料比新鲜饲料耐储存,营养成分强于干饲料。青贮是调制和贮藏青饲料的有效方法,青贮饲料能有效保存青绿植物的营养成分。青贮饲料的特点主要有以下几个方面:

①可最大限度地保持青绿饲料的营养成分。一般青绿饲料在成

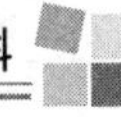

熟和晒干之后，营养价值会降低30%～50%，但在青贮过程中，由于密封厌氧，物质的氧化分解作用微弱，所以养分损失仅为3%～10%，从而使绝大部分养分被保存了下来。特别是在保存蛋白质和维生素方面，青贮法要远远优于其他保存方法。

②适口性好，消化率高。青饲料鲜嫩多汁，青贮使其水分得以保存，含水量可达70%。在青贮过程中，由于微生物的发酵作用，青贮饲料中会产生大量乳酸和芳香物质，更增强了其适口性和消化率。此外，青贮饲料对提高山羊日粮中其他饲料的消化性也有帮助。

③可调节青饲料供应的不平衡。由于青饲料生长期短、老化快、受季节影响较大，因此很难做到一年四季平衡供应。而青贮饲料一旦做好，可长期保存，保存年限可达2～3年或更长，因而可弥补青饲料利用的时差之缺，做到营养物质的全年平衡供应。

④可净化饲料，保护环境。青贮能杀死青饲料中的病菌、虫卵，破坏杂草种子的再生能力，从而减少对畜、禽和农作物的危害。另外，秸秆青贮已使长期焚烧秸秆的现象大为改观，并使秸秆变废为宝，减少了对环境的污染。基于这些特性，青贮饲料作为山羊的基本饲料，已越来越受到人们的重视。

(4)能量饲料　能量饲料指干物质中粗纤维低于18%、粗蛋白低于20%的饲料。

①谷实类：指禾本科籽实，如玉米、高粱、大麦等。谷实类含无氮浸出物多，为60%～70%，是山羊身体热能的主要来源。这类饲料含粗蛋白9%～12%，含磷0.3%，钙含量少，为0.1%左右。一般B族维生素和维生素E较多，而维生素A和维生素D缺乏，除黄玉米外都缺胡萝卜素。对羔羊和快速育肥肉羊需要喂一部分谷实类饲料，并注意搭配蛋白质饲料，补充钙和维生素A。

②糠麸类：指谷物加工后的副产品，除无氮浸出物外，其他成分都比原粮多，其能量是原粮的60%左右。糠麸体积大、重量轻，属于蓬松饲料，有利于胃肠蠕动，助消化。

(5)蛋白质饲料 蛋白质饲料指干物质中粗蛋白含量在20%以上、粗纤维含量在18%以下的饲料，包括油料籽实提取油脂后的饼粕、豆类籽实和糟渣。

①植物性蛋白质饲料：包括饼粕类饲料、豆科籽实及一些农产品。饼粕类饲料常见的有大豆饼、花生饼、芝麻饼、向日葵饼、胡麻饼、棉籽饼、菜籽饼等。

大豆饼粕中含有抗胰蛋白酶，但它不耐热，在含适当水分下加热即可分解，它的有害作用即可消失；加热过度，会降低赖氨酸和精氨酸的活性，同时会使胱氨酸遭到破坏。

②动物性蛋白质饲料：包括畜禽、水产副产品等。此类饲料中蛋白质、赖氨酸含量高，但蛋氨酸含量较低。例如，血粉中虽然蛋白质含量高，但它缺乏异亮氨酸，大约只占干物质的0.99%，而灰分、B族维生素含量高，尤其是维生素B_2、维生素B_{12}含量很高。

③饲料酵母：属单细胞蛋白质饲料，常用啤酒酵母制成。饲料酵母的粗蛋白质含量为50%～55%，氨基酸组成全面，富含赖氨酸，蛋白质含量和质量都高于植物性蛋白质饲料，消化率和利用率也高。饲料酵母还含有丰富的B族维生素，因此，在羊的配合饲料中使用饲料酵母可补充蛋白质和维生素，提高日粮的整体营养水平。

④非蛋白氮饲料：是指简单含氮化合物，如尿素、二缩脲和氨盐等。这些含氮化合物均可被瘤胃细菌用作合成菌体蛋白的原料，其中以尿素应用最为广泛。由于尿素中氨释放的速度快，使用不当易造成氨中毒，为此，饲料中应当含有充分的可溶性糖和淀粉等容易发酵的物质。饲料中的蛋白质含量为10%～12%时，非蛋白氮含量应以不超过其20%～35%为宜，具体应用要领如下：可将非蛋白氮饲料配制成高蛋白饲料，如将其制成凝胶淀粉尿素或氨基浓缩物，用以降低氨的释放速度；可将非蛋白氮（尿素）配制成混合料并将其制成颗粒料，其中尿素占混合料的1%～2%为宜，若超过3%，会影响到饲料的适口性，甚至可导致中毒事故发生；在饲喂尿素过程中，应当采

取由少量逐步增加的方法，以使羊瘤胃中的微生物群逐步适应，等其大量增殖后，采食较大量的尿素也就较安全了，又可增强微生物的合成作用，促进菌体蛋白的合成；可将添加非蛋白氮饲料添加剂的混合料压制成添砖，也可在青贮料或干草中添加尿素，还可在用碱处理秸秆时添加尿素。

注意事项：山羊在饲喂过程中，应当注意不断供给一些富含淀粉的谷物饲料（一般占10%），这是由于氨分解吸收快，会经门静脉通过肝脏进入血液，易引起氨中毒；非蛋白氮饲料添加剂只是一种辅性添加剂，其添加量以不超过日粮中所需蛋白质的1/3为原则，加之用来饲喂的混合料本身含一定的粗蛋白，所以非蛋白氮含量一般应当控制在10%～12%；合成菌体蛋白时必须要先合成氨基酸，为此要在饲料中添加一定数量的硫、碳和其他矿物质，以促进氨基酸的合成，特别是含硫氨基酸的合成；在添加非蛋白氮时，不能同时饲喂含脲酶的饲料（如豆类、南瓜等），饲喂半小时内不能饮水，更不能将非蛋白氮溶解在水里，供给反刍动物；饲喂含非蛋白氮饲料添加剂的饲料时，应将非蛋白氮饲料添加剂（如尿素）在饲料中充分搅拌均匀，并分次来喂给反刍动物；用非蛋白氮饲料添加剂饲喂山羊时，若发生氨中毒，成年山羊应当立即用2%～3.5%的醋酸溶液进行灌服，或采取措施将瘤胃中的内容物迅速排空。

(6)矿物质饲料　动植物饲料中虽含有一些数量的矿物质，但对舍饲条件下的山羊而言，常不能满足其生长发育和繁殖等生命活动的需要。因此，应补以所需的矿物质饲料。

①常量矿物质饲料：常用的有食盐、石粉、蛋壳粉、贝壳粉和骨粉等。

②微量矿物质饲料：常用的有氮化钴、硫酸铜、硫酸锌、硫酸亚铁、亚硒酸钠等。在添加时，一定要均匀搅拌混合到饲料中。

(7)饲料添加剂　饲料添加剂是山羊配合饲料的添加成分，多指为强化基础日粮的营养价值、促进山羊的生长发育、防治疾病而加进饲料的微量添加物质。添加剂大体分为两类:非营养添加剂和营养添加剂。非营养添加剂包括生长促进剂、着色剂、防腐剂等。营养添加剂包括维生素、矿物质与微量元素、工业生产的氨基酸等。

目前,我国用于饲料添加剂的氨基酸有蛋氨酸、赖氨酸、色氨酸、甘氨酸、丙氨酸、谷氨酸及钠盐等,其中以蛋氨酸和赖氨酸为主。

近几年来,各地用中草药代替青饲料喂动物的方式较为普遍,中草药饲料添加剂无毒副作用和抗药性,而且来源广泛、价格便宜、作用广泛,既有营养,又能防病、治病。

三、日粮配合

科学配合日粮是山羊饲养的一个重要环节。传统养羊多以单一或简单几种饲料混合喂养,饲料营养不平衡,不能满足羊的营养需要,因此影响山羊的生产性能。任何单一饲料都不能满足山羊不同生理阶段对各种营养物质的需要,只有多种具有不同营养特点的饲料相互搭配、取长补短,才能满足山羊的营养需要,克服单一饲料营养不全面的缺点。

配合饲料就是根据山羊不同品种、不同生理阶段、不同生产目的和生产水平等对营养的不同需要,并根据各种饲料的有效成分含量,把多种饲料按照科学配方配制而成的全价饲料。利用配合饲料饲喂山羊,能最大限度地发挥山羊的生产潜力,提高饲料利用率,降低成本,提高效率。需要指出的是,虽然山羊的全价饲料具有达到营养需要量和饲料营养价值的科学依据,但这两方面都仍在不断研究和完善过程中。因此,用现有的资料配制出的全价饲料应经过实践检验,根据实际饲养效果因地制宜地作出调整。

山羊的日粮配合要遵循下列原则。

1.营养性原则

配合日粮时,必须以山羊的饲养标准为依据,并结合不同生产条

件下羊的生长情况与生产性能进行灵活调整。若发现日粮中的营养水平偏低或偏高，均要进行调整，以满足山羊所需的营养而又不致浪费。

同时，应注意饲料的多样化，尽可能将多种饲料合理搭配使用，以充分发挥各种饲料的营养互补作用，平衡各营养素的比例，保证日粮的全价性，提高日粮中营养物质的利用率。山羊的日粮应以青饲料、干粗饲料、青贮饲料、精料及各种补充饲料等加以搭配使用，既要使配合的日粮有一定的容积，使羊吃后具有饱足感，又要保证日粮有适宜的养分浓度，使羊每天采食的饲料能满足其所需的营养。各种饲料的大致配比为：总日粮中干物质、青粗饲料占50%～60%，精料占40%～50%；精料中，籽实饲料占30%～50%，蛋白质饲料占15%～20%，矿物质饲料占2%～3%。

2.经济性原则

山羊是反刍动物，可大量使用青粗饲料，尤其是可以将农作物秸秆处理后进行饲喂。山羊对日粮中蛋白质的品质要求也不高，因此，配合日粮时，应以青粗饲料为主，再补充精料等其他饲料，尽量做到就地取材，选用当地来源广泛、营养丰富、价格低廉的饲料配制日粮，以降低生产成本。

3.适口性原则

山羊的采食量与饲料的适口性有直接关系。日粮适口性好，可增进山羊的食欲，提高采食量；相反，日粮适口性不好，山羊食欲不振，采食量减少，这不利于山羊的生长，达不到应有的增重效果。因此，对一些适口性较差的饲料，可加入调味剂，使适口性得到改善。

4.安全性原则

随着无公害食品和绿色食品产业的兴起，消费者对肉类食品的要求越来越高，希望能购买到安全的肉食品。因此，配合日粮时，必须保证饲料的安全、可靠。选用的原料（包括添加剂）应质地良好，保证无毒、无害、不霉变、无污染。在日粮中尽量不添加抗生素类药物性添加剂。养羊场和养羊户都要树立"安全肉"意识，对国家有关部门明令禁用的某些兽药及添加剂坚决不予使用。

5.因羊制宜原则

就根据山羊不同品种、性别、生理阶段，参照营养标准及饲料成分表对饲料进行配制，还应根据实际情况不断做出调整。即使同一品种，不同生理阶段、不同季节的饲料也应有所变化。而同一品种和同一生理阶段，不同生产性能的山羊的饲料也应有所不同。

6.因时制宜原则

设计配方要根据季节和天气情况灵活掌握。在农村，夏、秋季节可供应青饲料，只要设计配合出精饲料的补充料即可，而在冬、春季节，青饲料缺乏，在配方设计时，应增补维生素，并适当补喂多汁饲料。在多雨季节，应适当增加干料；在季节交替时，饲料应逐渐过渡。

7.多样性原则

山羊对营养的需要是多方面的，单一饲料不能满足山羊的需求，应该尽量选用多种饲料合理搭配，以实现营养的互补。一般不应少于5种。

四、加工调制

实验研究与生产实践证明，对饲料进行加工调制，可明显地改善其适口性，并利于咀嚼，提高消化率和吸收率，提高生产性能，也便于贮藏和运输。混合饲料的加工调制包括：青绿饲料的加工调制、粗饲料的加工调制和能量饲料的加工调制。

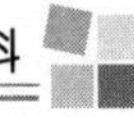

1.青绿饲料的加工调制

青绿饲料水分含量高,宜现采现喂,不宜贮藏运输,必须制成青干草或干草粉,才能长期保存。干草的营养价值取决于制作原料的种类、生长阶段和调制技术。一般豆科干草含较多的粗蛋白,有效能值在豆科、禾本科和禾谷类作物干草间无显著差别。在调制过程中,时间越短,养分损失越小。在干燥条件下晒制的干草,养分损失不超过20%;在阴雨季节制的干草,养分损失可达15%以上,大部分可溶性养分和维生素会损失。在人工条件下调制的干草,养分损失仅为5%~10%,所含胡萝卜素多,为晒制的3~5倍。

调制干草的方法一般有两种:地面晒干和人工干燥。人工干燥法又有高温和低温两种方法。低温法是在45~50℃的室内停放数小时,使青草干燥;高温法是在50~100℃的热空气中,脱水干燥6~10秒即可,一般植株温度若不超过100℃,便几乎能保存下来青草的全部营养价值。

2.粗饲料的加工调制

粗饲料质地坚硬,含纤维素多,其中木质素比例大,适口性差,利用率低。通过加工调制,这些性状可以得到改善。

(1)物理处理 物理处理就是利用机械、水、热力等,改变粗饲料的物理性状,提高其利用率。具体方法有:切短,使之有利于山羊咀嚼,而且容易与其他饲料配合使用;浸泡,即在100千克温水中加入5千克食盐,将切短的秸秆分批在桶中浸泡,24小时后取出,从而软化秸秆,提高秸秆的适口性,便于采食;蒸煮,将切短的秸秆于锅内蒸煮1小时,焖2~3小时即可,这样可软化纤维素,增加适口性;热喷,将秸秆、荚壳等粗饲料置于饲料热喷机内,用高温、高压蒸气处理1~5分钟后,立即放在常压下使之膨化。热喷后的粗饲料结构疏松、适口性好,羊的采食量和消化率均能提高。

(2)化学处理 化学处理就是用酸、碱等化学试剂处理秸秆等粗饲料,分解其中难以消化的部分,以提高秸秆的营养价值。

①氢氧化钠处理:氢氧化钠可使秸秆结构疏松,并可溶解部分难消化的物质,从而提高秸秆中有机物质的消化率。最简单的方法是将2%的氢氧化钠溶液均匀喷洒在秸秆上,经24小时即可。

②石灰液钙化处理:石灰液具有同氢氧化钠类似的作用,而且可补充钙质,更主要的是该方法简便、成本低。该方法是将每100千克秸秆用1千克石灰、1～1.5千克食盐和200～250千克水搅匀配好,把切碎的秸秆浸泡5～10分钟,然后捞出,放在浸泡池的垫板上,熟化24～36小时后即可饲喂。

③酸、碱处理:把切碎的秸秆放入1%的氢氧化钠溶液中,浸泡好后,捞出压实,过12～24小时再放入3%的盐酸中浸泡,捞出后把溶液排放掉即可饲喂。

④氨化处理:用氨或氨类化合物处理秸秆等粗饲料,可软化植物纤维,提高粗纤维的消化率,增加粗饲料中的含氮量,改善粗饲料的营养价值。

(3)微生物处理 微生物处理就是利用微生物产生纤维素酶分解纤维素,以提高粗饲料的消化率。比较成功的方法有以下几种。

①EM处理法:EM是"有效微生物"(Effective Microorganism)的英文缩写。有效微生物是由光合细菌、放线菌、酵母菌、乳酸菌等10个属80多种微生物复合培养而成的。处理要点如下:

秸秆粉碎:可先将秸秆用铡草机铡短,然后在粉碎机内粉碎成粗粉。

配制菌液:取EM原液2000毫升,加糖蜜或红糖2千克、净水320千克,在常温下充分混合均匀。

菌液拌料:将配置好的菌液喷洒在1吨粉碎好的粗饲料上,充分搅拌均匀。

厌氧发酵:将混拌好的饲料一层层地装入发酵窖(池)内,随装随

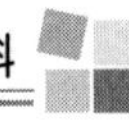

踩实。当料装至高出窖口 30～40 厘米时，在上面覆盖上塑料薄膜，再盖 20～30 厘米厚的细土，拍打严实，防止透气。少量发酵，也可用塑料袋，关键是要压实，创造厌氧环境。

开窖喂用：夏季封窖 5～10 天后，或冬季 20～30 天后，即可开窖喂用。开窖时要从一端开始，由上至下，一层层喂用。窖口要封盖，防止阳光直射、泥土污物混入和杂菌污染。优质的发酵料具有苹果香味，酸甜兼具。经适当驯食后，羊即可正常采食。

②秸秆微贮法：发酵活杆菌是由木质纤维分解菌和有机酸发酵菌通过生物工程技术制备的高效复合杆菌剂，用来处理作物秸秆等粗饲料，效果较好。制作方法如下：

秸秆粉碎：将麦秸、稻草、玉米秸等粗饲料用铡草机切碎或粉碎机粉碎。

菌种复活：秸秆发酵活杆菌菌种每袋 3 克，可调制干秸秆 1 吨，或青秸秆 2 吨。在处理前，先将菌种倒入 200 毫升温水中充分溶解，然后在常温下放置 1～2 小时后使用，当日用完。

菌液配制：以每吨麦秸或稻草需要活菌制剂 3 克、食盐 9～12 千克(用玉米秸可将食盐降至 6～8 千克)、水 1200～1400 千克的比例配制菌液，要充分混合。

秸秆入窖：分层铺放粉碎的秸秆，每层 20～30 厘米厚，并喷洒菌液，使物料含水率在 60%～70%。喷洒后踏实，然后再铺第二层，一直到高出窖口 40 厘米时再封口。

封口：将最上面的秸秆压实，均匀洒上食盐，用量为每平方米 250 克，以防上面的物料霉烂。然后盖塑料薄膜，往膜上铺 20～30 厘米的麦秸或稻草，最后覆土 15～20 厘米，密封，进行厌氧发酵；

开窖和使用：封窖 21～30 天后即可喂用。发酵好的秸秆应具有醇香和果香酸甜味，手感松散，质地柔软湿润。取用时应先将上层泥土轻轻取下，从一端开窖，一层层取用，取后将窖口封严，防止雨水浸入或泥土掉入。开始饲喂时，羊可能不习惯，约有 7～10 天的适应期。

3.能量饲料的加工调制

能量饲料的营养价值及消化率一般都较高,但是常常因为籽实类饲料的种皮、颖壳、内部淀粉粒的结构不规则及某些混合精料中含有不良物质,所以影响了其营养成分的消化吸收和利用。因此,这类饲料在喂用前也应经一定的加工调制,以便充分发挥其营养作用。

(1)粉碎 这是最简单、最常用的一种加工方法。经粉碎后的籽实便于咀嚼,饲料与消化液接触面增加,使消化作用进行得比较彻底,从而提高饲料的消化率和利用率。

(2)浸泡 将饲料置于池子或缸中,按 1∶(1～1.5)的比例加入水。谷类、豆类、油饼类的饲料经浸泡,吸收水分,膨胀,变柔轻,容易咀嚼,便于消化,且浸泡后某些饲料的毒性和异味便会减轻,从而提高其适口性。但是浸泡的时间应掌握好,若浸泡时间过长,养分就会被水溶解,造成损失,饲料的适口性也会降低,甚至变质。

(3)蒸煮 马铃薯、豆类等饲料因含有不良物质不能生喂,必须蒸煮以解除毒性,同时也可提高其适口性和消化率。蒸煮时间不宜过长,一般不超过 20 分钟,否则会引起蛋白质变性和某些维生素被破坏。

(4)发芽 谷实籽粒发芽后,可使一部分蛋白质分解成氨基酸,同时糖分、胡萝卜素、维生素 E、维生素 C 及 B 族维生素的含量也大大增加。此法主要是在冬、春季缺乏青饲料的情况下使用。方法是将准备发芽的籽实用 30～40℃的温水浸泡一昼夜,换水 1～2 次,浸泡好后把水倒掉,将籽实放在容器内,上面盖上一块温布,用温度保持在 15℃的清水冲洗 1 次,3 天后即可发芽。在开始发芽但尚未盘根以前,最好翻转 1～2 次。一般经 6～7 天,芽长 3～6 厘米时即可饲喂。

(5)制粒 制粒就是将配合饲料制成颗粒饲料。羊具有啃咬坚硬食物的特性,这种特性刺激消化液分泌,增强消化道蠕动,从而提

高对食物的消化吸收率。将配合饲料制成颗粒，可使淀粉熟化，并使大豆和豆饼及谷物中的抗营养因子发生变化，以减少对羊的危害；也可保持饲料的均质性，显著提高配合饲料的适口性和消化率，提高生产性能，减少饲料浪费；此外，也便于贮存运输；同时还有助于减少疾病传播。颗粒饲料虽有诸多优点，但在加工时也要注意以下几项影响饲喂效果的因素。

①原料粉粒的大小：制造山羊用颗粒饲料所用的原料粉粒，过大会影响羊的消化吸收，过小易引起肠炎。粉粒直径一般以1～2毫米为宜。其中添加剂的粒度以0.18～0.60毫米为宜，这样才有助于搅拌均匀和消化吸收。

②粗纤维含量：颗粒饲料所含的粗纤维以12%～14%为宜。为防止颗粒饲料发霉，水分应予以控制，北方应低于14%，南方应低于12.5%。由于食盐具有吸水作用，所以在颗粒饲料中，其用量以不超过0.5%为宜。另外，在颗粒饲料中还应加入1%的防霉剂丙酸钙、0.01%～0.05%的抗氧化剂丁基化羟甲苯(BHT)或丁基化羟基氧基苯(BHA)。

③颗粒的大小：制成的颗粒直径应为4～5毫米、长应为8～10毫米，用此规格的颗粒饲料喂羊收效最好。

④制粒过程中的变化：在制粒过程中，压制作用会使饲料温度提高，或者压制前的蒸气加温使得饲料处于高温下的时间过长。高温对饲料中的粗纤维、淀粉有利，但对维生素、抗菌素、合成氨基酸等不耐热的养分则有不利的影响。因此，在颗粒饲料的配方中应适当增加那些不耐高温养分的比例，以弥补养分的损失。

第三章
山羊的繁殖技术

抓好山羊繁殖的各个环节、提高山羊繁殖力是增加养羊收益的关键所在。山羊的繁殖力受遗传、营养、年龄以及其他外界环境因素的影响。要提高繁殖力,不仅要在山羊的遗传方面下工夫,对改进山羊的饲养管理、繁殖技术及其他环境条件方面也应给予重视。

一、发情与配种

山羊的初配年龄因品种不同和环境条件的差异而有所不同。有的山羊4～5月龄即可配种,9～10月龄可产第一胎。山羊最好的繁殖年龄是在2～5岁之间,6岁以后繁殖力下降。体质较好、繁殖力较高的母羊可以利用到7～8岁,以后逐渐失去繁殖能力。母羊营养不良和过肥都会影响其繁殖性能。山羊的发情主要在春、秋两季,以秋季最为集中,我国南方地区山羊可常年发情。

1.性成熟和初配年龄

山羊生长发育达到一定年龄,生殖器官发育基本完成。母羊具有成熟的卵子和排卵能力,有交配的愿望(发情)和能力,在发情时配种可受胎;公羊有成熟的精子,出现性欲,具有配种的能力。以上表明山羊已性成熟。

山羊的性成熟期受品种、气候、个体、饲养管理等方面的影响。

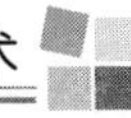

在较寒冷的北方，绒山羊及当地品种山羊的性成熟在4～6月龄之间。在温暖地区，大部分山羊品种性成熟期在3月龄左右，营养好的青山羊60日龄即发情。奶山羊性成熟也较早，多为4～5月龄。

山羊的初配年龄，与气候条件、营养状况有关。南方有些山羊品种5月龄即配种；而北方有些山羊品种初配年龄需到1.5岁。山羊初配年龄多为10～12月龄，各品种初配年龄不一样，但均以体重达到成年羊体重的70%为宜。

2.发情与配种

(1)发情周期　在空怀情况下，从一个发情期开始到下一个发情期开始，所间隔的时间称为发情周期。山羊发情周期为18～23天(平均20天)。

母羊一次发情持续的时间称为发情持续期。山羊发情持续期为2天左右(平均40小时)。

(2)发情征状　大多数母羊有明显的行为表现，如：鸣叫不安，兴奋活跃；食欲减退，反刍和采食时间明显减少；频繁排尿，并不时地摇尾巴；母羊间出现互相爬跨、打响鼻等一些公羊的性行为；接受抚摸按压及其他羊的爬跨，并静立不动，表现温顺。

生殖器官也有如下征状：外阴部分充血肿胀，由苍白色变为鲜红色；阴唇黏膜红肿；阴道间断地排出鸡蛋清样的黏液，初期较稀薄，后期逐渐变得浑浊黏稠；子宫颈松弛开放。山羊发情行为表现及生殖器官的外阴部变化和阴道黏液是直观可见的，因此是发情鉴定的几个主要征状。

(3)发情鉴定方法　发情鉴定是提高母羊受胎率的重要环节，因此，应熟练掌握、灵活运用发情鉴定的方法。母羊发情鉴定有以下几种方法：

①外部观察：直接观察母羊的行为和生殖器官的变化，这是鉴定母羊是否发情最基本、最常用的方法。其主要表现是：食欲减退，鸣

叫不安;频频摇尾;尾随公羊或爬跨其他母羊,当公羊接近时摇尾不动,后腿分立,接受交配;频频排尿;活动量增加。

②阴道检查:用开膣器插入母羊阴道,检查生殖器官的变化,如果阴道的颜色潮红充血,黏液增多,子宫颈松弛等,可判定母羊已发情。阴道流出的黏液:透明黏稠带状——发情开始;白色——发情中期;混浊、不透明的黏胶状——发情末期或晚期。

③公羊试情:用公羊对母羊进行试情,要根据母羊对公羊的行为反应,并结合外部观察,来判定母羊是否发情。试情公羊要求性欲旺盛、营养良好、健康无病,一般每 100 只母羊配备试情公羊 2~3 只。试情公羊需做输精管切断手术或戴试情布。试情布一般宽 35 厘米、长 40 厘米,在四角扎上带子,系在试情公羊腹部。把试情公羊放入母羊群,如果母羊已发情便会接受试情公羊的爬跨。

④"公羊瓶"试情:公山羊的角基部与耳根之间,会分泌一种性诱激素,可用毛巾用力揩擦后放入玻璃瓶中,这就是所谓的"公羊瓶"。试验者手持"公羊瓶",利用毛巾上性诱激素的气味将发情母羊引诱出来。通过发情鉴定,及时发现发情母羊并判定发情程度,在母羊排卵受孕的最佳时期输精或交配,可提高羊群的配怀率。

(4)配种时期的选择 山羊的配种时间,可根据每年产羔次数要求及时间而确定,一般有冬季产羔和春季产羔两种。

①冬季产羔:产冬羔的时间在 1~2 月份,因此需要在头一年 8~9 月份配种。冬季产羔可利用当年羔羊生长快、饲料效率高的特点,开展肥羔生产,当年便可以出售,这样加速了羊群周转,提高了山羊商品率,从而减轻了草场压力并保护草场。其好处有:母羊配种季节在 8~9 月份时,青草野菜茂盛,母羊膘情好,发情旺盛,受胎率高;怀孕母羊营养好,有利于羔羊的生长发育,所产羔羊体重大、体质结实、容易养活;母羊产羔期膘情还未显著下降,产羔后乳汁充足,使羔羊生长快、发育好;冬季产的羔羊,到青草长出后,已有 4~5 月龄,能跟群放牧,舍饲羊也能吃上青饲料;当年过冬时羔羊体重大,能抵御风

寒，保育率高。

但是产冬羔需提供必要的饲草及圈舍条件保障。冬季产羔，在哺乳前期正值枯草季节，如缺乏良好的冬季牧草和充足的饲草、饲料储备，母羊容易缺奶，影响羔羊生长发育。因此，无论牧区还是农区都要备足草料。冬季产羔时气候寒冷，产羔圈舍需要保温，否则会影响羔羊成活。一般在农区和条件较好的牧区可产冬羔。

②春季产羔：产春羔有其优点和缺点。其优点是，春季产羔时气候已转暖，母羊产羔后，很快就可以吃到青草，从而乳汁充足，这样有利于羔羊生长发育。羔羊生长发育快，要求的营养条件能得到满足。春羔出生不久，就能吃到青草，这有利于羔羊获得较充足的营养，且使其体壮、发育好。春季气候比较暖和，集中产羔不需建产羔保暖圈舍。但是春季产羔也有一定的缺点。春季气候多变，常有风霜，甚至下雪，母羊及羔羊容易得病，羊群发病率较高。春季产的羔羊，在牧草长出时年龄尚小，不易跟群放牧。春季产羔，特别是晚春羔，当年过冬时死亡较多。因此，在气候寒冷或饲养条件较差的地区适宜产春羔。

③产羔体系：由于地理生态、羊的品种、饲料资源、管理条件、设备基础、投资需求、技术水平等因素的不同，有以下几种产羔形式供选择。

一年一产：10 月下旬配种，来年 3 月下旬产羔。

一年两产：10 月初配种，来年 3 月初产羔；4 月底配种，9 月底产羔。这种安排，母羊利用率较高。

两年三产：11 月初配种，来年 4 月初产羔；8 月初配种，第三年 1 月初产羔；3 月配种，8 月产羔。这种计划是两年产 3 胎，每 8 个月产一次羔。

一年两产、两年三产、三年五产以及空怀期及时补配、尽早产羔的这几种体系被称为“频繁产羔系统”（或“密集繁殖体系”），是随着现代集约化肉羊及肥羔生产而发展起来的高效生产体系。其优点是：最大限度发挥母羊的繁殖性能；全年均衡供应羊肉；提高设备利用率，降低固定成本支出；便于集约化科学管理。

④配种授精时间：繁殖季节中，母羊发情后要适时配种，才能提高受胎率和产羔率。山羊排卵的时间一般都在发情开始后24～36小时，所以最适当的配种授精时间是发情后12～24小时。一般应在早晨试情后，挑出发情母羊立即配种。为了提高母羊的受胎率，尤其是增加一胎多羔的机会，以一个情期配种两次为宜，即第一次配种授精后间隔12小时再配种一次。

⑤配种方法：羊的配种方法可分为自由交配、人工辅助交配和人工授精三种。前两种又称为本交。

自由交配，这是养羊业原始的交配方法，即将公羊放在母羊群中，让其自行与发情母羊交配。这种方法省力省事，但存在许多缺点：1只公羊只能配种15～20只母羊，浪费种公羊；不能掌握母羊配种时间，无法推算预产期；不能选种选配；消耗公羊体力，影响母羊抓膘；容易传播疾病。要尽量避免采用这种方法。

人工辅助交配，是人为地控制、有计划地安排公、母羊配种。公、母羊全年都是分群放牧或分群舍饲。在配种季节内，通过试情将发情母羊挑出与指定的公羊交配。这种方法可实现选配，并可准确记载母羊的交配时间和与配公羊，同时也可提高种公羊利用率，一般每只公羊可配种30～50只母羊。

人工授精，即用器械将精液输入发情母羊的子宫颈内，使母羊受孕。这种方法可大大提高优良品种公羊的利用率，一个配种季节内每只种公羊的精液经稀释能给300～500只的母羊授精。河北省畜牧兽医研究所曾通过鲜精大倍稀释（10～15倍）、鲜、冻精结合、错开配种季节、一次输精等措施，创下了一只良种公羊配种6655只母羊、受胎率93%的优异成绩。

人工授精流程：采精——精液检查——精液稀释和保存（包括冷冻保存）——解冻（冷冻精液需经解冻）——输精。

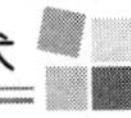

3.人工授精方法

(1)准备工作　准备一间向阳、干净的配种间，室温要求18～25℃。采精、输精前各种器械必须清洗和消毒。对新购入的金属器具必须先除去防锈油，再用清水冲洗干净，然后用蒸馏水冲洗一次，消毒备用。玻璃器械采用干热消毒法。其余器械可用蒸气消毒。

(2)采精　种公羊的精液用假阴道采取。假阴道为筒状结构，主要由外壳、内胎和集精杯组成。外壳是硬胶皮圆筒，长20厘米，直径4厘米，厚约0.5厘米。筒上有灌水小孔，孔上安有橡皮塞，塞上有气嘴。内胎为薄橡胶管，长30厘米，扁平直径4厘米。用时将内胎装入外壳，两端向假阴道两端翻卷，并用橡皮圈固定。内胎要展平，松紧适度。集精杯装在其中一端。

采精前，将安装好的假阴道内胎先用肥皂水清洗，后用温清水冲洗，外壳用毛巾擦干，内胎最好晾干。干后用95%酒精棉球涂抹内胎，装上集精杯，再用蒸馏水或温开水和1%生理盐水冲洗。然后由小孔注入50℃热水150～180毫升，再用消毒过的玻璃棒蘸上一些消毒过的凡士林，涂在内胎上，注意涂均匀，深度不超过假阴道的2/3。由小孔上的气嘴向小孔吹气，使内胎鼓胀，以恰好装进公羊的阴茎为宜。临采精前，内层的温度应在40～42℃，温度过高或过低都会影响公羊射精。

公羊爬跨迅速，射精动作快。因此，采精人员应动作迅速、准确。采精时，采精人员右手拿假阴道，蹲伏在母羊的右侧后方。公羊爬跨并伸出阴茎时，迅速将假阴道靠在母羊右侧盆部，与地面呈35°～40°角，左手托住公羊阴茎包皮，将阴茎快速导入假阴道内。当公羊身体剧烈耸动时，表明已经射精。采精人员应将假阴道顺从公羊向后移下，然后竖起，使有集精杯的一端向下，及时打开气嘴放气，使精液流入集精杯。取下集精杯，加盖，送室内做精液品质检查。

采精后，假阴道外壳、内胎及集精杯要洗净：用肥皂、碱水洗刷，再用过滤开水洗刷3～4次，晾干备用。

(3)精液品质检查　精液品质检查的目的是鉴定精液品质的优劣，以便确定配种能力、精液稀释的倍数，同时也能反映饲养管理水平、生殖功能状态和技术操作水平，并以此作为改进技术的依据，是人工授精技术中的重要环节。

精液品质检查要求至少在一个配种季节的开始、中期、末期各检查1次。根据检查方法，精液品质检查可分为直观检查项目和微观检查项目两类；根据检查项目，又可分为常规检查项目和定期检查项目两类。

直观检查项目包括射精量、色泽、气味、云雾状、pH等；微观检查项目包括精子活力、密度和畸形率。常规检查项目主要包括射精量、色泽、气味、云雾状、活力、密度、畸形率7项指标。定期检查项目包括pH、精子活力、精子存活时间及生存指数、精子抗力等。

正常精液呈乳白色或略带淡黄色，浓稠，无味或略带腥味。一次射精量为0.5～2毫升，1毫升精液有20亿以上精子。

(4)精液稀释　精液稀释是向精液中加入适宜于精子存活的稀释液，其目的一是扩大精液容量，增加母羊的输精头数，提高公羊利用率；二是延长精子的保存时间，便于精液的运输，使精液得以充分利用。

检查合格的精液，经稀释后才能进行输精。稀释液配方应选择易于抑制精子活动、减少其能量消耗、延长其寿命的弱酸性稀释液。常用的稀释液有以下两种：

①奶汁稀释液：奶汁先用7层纱布过滤后，再煮沸消毒10～15分钟，降至室温，去掉表面脂肪即可。

②生理盐水卵黄稀释液：1%氯化钠溶液99毫升，加新鲜卵黄10毫升，混合均匀。

稀释液与精液一般比例为(3～7)∶1。稀释比例要根据精子密度、活力而定。稀释后的精液，每毫升有效精子应不少于7亿。

精液与稀释液混合时，二者的温度必须保持一致，防止精子受温度剧烈变化的影响。因此，稀释前应将两种液体置于同一水温中，同时在20～25℃时进行稀释。把稀释液沿着精液瓶缓缓倒入，为使混合均匀，可稍加摇动或反复倒动1～2次。在进行高倍稀释时需分两步进行，即先进行低倍稀释，等数分钟后再做高倍稀释。稀释后，立即进行活力镜检，如活力不好要查出原因。

(5)精液分装、运输与保存

精液分装：将稀释好的精液根据各输精点的需要量，分装于2～5毫升小细试管中，精液面距试管口高度在0.5～1厘米，然后用玻璃纸和胶圈将试管口扎好，在室温下自然降温。

短途运输：将降温到10～15℃、已分装好精液的小试管用脱脂棉、纱布包好，套上塑料袋，放在盛满凉水的小保温瓶内，即可运到输精点。农村靠自行车运输，5千米与10千米的短距离运输对精子活力影响不大。

精液保存：精液运到输精点，不能马上用的精液需妥善保存。可用盛满凉水的大缸或保温瓶保存36小时。水温变化若不超过10℃，精子活力下降便不足一级。

(6)输精　将洗干净的输精器用70%酒精消毒内部，再用温开水洗去残余酒精，然后用适量生理盐水冲洗数次后使用。开膣器洗净后放在酒精火焰上消毒，冷却后外涂消毒过的凡士林。配种母羊置于固定架上，用20%煤酚皂溶液洗净外阴部，再用清水冲洗干净后，将开膣器轻轻插入阴道，轻轻转动张开，找到子宫颈，然后将装有精液的输精器通过开膣器插入子宫颈内0.5～1厘米处，轻轻按动活塞，把精液注入子宫颈内。最后抽出输精器，闭合开膣器，转成侧向抽出。

为提高母羊受胎率，每次发情，输精两次，在第一次输精8～12小时后再重复输一次。一般每只母羊每次输精0.1毫升，有效精子不少于0.6亿个；若精液稀释4～8倍时，应增加到0.2毫升。处女羊进行阴道输精时，输精量也应加倍。

(7)山羊人工授精注意事项 对山羊进行人工授精应注意几个技术问题。山羊行动敏捷，种公羊性行为和性冲动反应快；一般配种室最好装一个长30厘米、宽60厘米、高20厘米的斜架台作为授精台；成年公羊采精1周休息1天，每天可采2～3次，若连续采两次要间隔15～30分钟；采精前用温水清洗公羊包皮，然后用干净毛巾擦净；山羊精液密度大，一般稀释3～7倍后输精为宜，主要视精液密度和活力而定。

二、妊娠与分娩

1.妊娠诊断

配种后的母羊应尽早进行妊娠诊断，以便及时发现空怀母羊，采取补配措施，并对已受胎的母羊加强饲养管理，避免流产，这样可以提高羊群的受胎率和繁殖率。

(1)外部观察 母羊受胎后，在孕激素的作用下，发情周期停止，不再有发情征状，性情变得较为温顺，同时，甲状腺活动逐渐增强，采食量增加，食欲增强，营养状况得到改善，毛色变得光亮润泽。这是对母羊的外部观察，应结合确诊法进一步确诊。

(2)确诊法 当待检查的母羊自然站立时，用两手以抬抱方式在其腹壁前后滑动，抬抱的部位在乳房的前上方，用手触摸是否有胚胎胞块。注意抬抱时手掌要展开，动作要轻，以抱为主。还有一种方法是直肠—腹壁确诊法。用肥皂水灌洗待查母羊的直肠，排出粪便，使其仰卧，然后用直径1.5厘米、长约50厘米、前端圆如弹头的光滑木棒或塑料棒作确诊棒，涂抹润滑剂，经肛门向直肠内插入30厘米左右，插入时注意贴近脊椎。一只手拿确诊棒轻轻把直肠挑起来以便托起胎胞，另一只手则在腹壁上触摸，如有胞块状物体即表明已妊娠；如果摸到确诊棒，将棒稍微移动位置，反复挑起触摸2～3次，仍

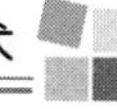

摸到确诊棒，即表明没有妊娠。（注意挑动时不要损伤直肠。）

（3）阴道检查法　妊娠母羊阴道黏膜的色泽、黏液性状及子宫颈口形状均会发生变化。妊娠后，阴道黏膜由空怀时的浅粉红色变为苍白色，但用开膣器打开阴道后，很短时间内又由白色变成粉红色；空怀母羊黏膜始终为粉红色。妊娠母羊阴道黏液呈透明状、量少、浓稠，能在手指间牵拉成线；相反，黏液量多、稀薄、颜色灰白的母羊则为未孕。妊娠母羊子宫颈口紧闭，色泽苍白，并有糨糊状黏块堵塞在子宫颈口。

（4）免疫学诊断　妊娠母羊血液、组织中含有特异性抗原，能和血液中的红细胞结合在一起，用其诱导制备抗体血清，加入妊娠母羊的血液，红细胞会出现凝集现象。如果待查母羊没有妊娠，加入抗体血清后红细胞不会发生凝集现象。

（5）孕酮水平测定法　待查母羊在配种 20～25 天后，采血制备血浆，再用放射免疫标准试剂与之对比，判断血浆中孕酮的含量。若山羊每毫升血浆中孕酮含量大于 2 纳克，则判定为怀孕。

（6）超声波探测法　超声波探测仪是早期妊娠确诊最便捷、可靠的方法。将待查母羊保定，在腹下乳房前毛稀少的地方涂上凡士林或液状石蜡等耦合剂，将超声波探测仪的探头对着骨盆入口方向探查。超声波诊断最好在配种 40 天以后进行。

2.妊娠期

羊从开始怀孕到分娩的期间称为妊娠期，一般约为 152 天，即 5 个月左右，但其长短随品种、个体、年龄、饲养管理条件的不同而有差别。例如，早熟的肉用山羊品种多在饲料优裕的条件下育成，妊娠期较短，平均 145 天左右；绒用山羊多在条件相对较差的草原地区繁育，妊娠期为 150 天左右。

母羊妊娠后，为做好分娩前的准备工作，应准确推算产羔期，即预产期。羊的预产期可用公式推算，即配种月加 5，配种日期数减 2。

例如:某山羊于2010年4月20日配种,它的预产期为:

4+5=9(月)　　预产月

20−2=18(日)　　预产日期

即该羊的预产期为2010年9月18日。

3.妊娠特征

母羊配种后经1～2个发情周期不再发情,即可初步确定为怀孕。妊娠羊性情安静、温顺,行动小心迟缓,食欲好,吃草和饮水增多,被毛光泽好,腹部逐渐变大,乳房也逐渐胀大。

一般2个月后可用腹壁探测法检查母羊是否怀孕。检查在早晨空腹时进行,将母羊的头颈夹在两腿中间,弯下腰将两手从两侧放在母羊的腹下乳房的前方,将腹部微微托起。左手将羊的右腹向左侧微推,拇指、食指叉开就能触摸到胎儿。60天以后的胎儿能触摸到较硬的小块,90～120天就能摸到胎儿的后腿腓骨,随着日龄的增长,后腿腓骨由软变硬。

当手托起腹部,手感有一硬块时,说明仅有一羔;若两边各有一硬块时为双羔;在胸的后方还有一块时为三羔;在左或右胸的上方又有一块时为四羔。检查时手要轻巧灵活,仔细触摸各个部位,切不可粗暴生硬,以免造成胎儿受伤、流产。

4.分娩接羔

(1)产羔前的准备　大群养羊的场户,要有专门的接产育羔舍,即产房。舍内应有采暖设施,如火炉等,但尽量不要在产房内点火升温,以免羊只因烟熏而患肺炎或其他疾病。产羔期间产房要尽量保持恒温和干燥,一般以5～15℃为宜,湿度保持在50%～55%。

产羔前应提前3～5天把产房打扫干净,墙壁和地面用5%的碱水或2%～3%的来苏儿消毒,在产羔期间还应再消毒2～3次。

产羔母羊要尽量在产房内单栏饲养,因此在产羔比较集中时要

在产房内设置分娩栏，既可避免其他羊干扰又便于母羊认羔。分娩栏一般可按产羔母羊数的10%设置。提前将栏具及料槽和草架等用具检查、修理，用碱水或石灰水消毒。

准备充足的碘酒、酒精、高锰酸钾、药棉、纱布及产科器械。

(2)分娩征状观察　母羊临产时，骨盆韧带松弛，腹部下垂，尾根两侧下陷。乳房胀大，乳头树立，手挤时有少量浓稠的乳汁。阴唇肿大潮红，有黏液流出。肋窝凹陷，经常爬卧在圈内一角，或站立不安，常发出鸣叫声，时常回头看其腹部，排尿次数增多，有努责现象。有以上现象即说明临产，应准备接产。

(3)正常接产　接产前，首先剪去临产母羊乳房周围和后肢内侧的毛，以便哺乳，并以免初生羔羊吃下脏毛。然后用温水洗净乳房，并挤出几滴初乳。再将母羊的尾根、外阴部、肛门洗净，并用1%来苏儿消毒。

正常分娩的经产母羊，在羊膜破后10～30分钟，即能顺利产出羔羊。一般羔羊两前肢和头部先出，若先看到前肢的两个蹄，接着是嘴和鼻，即是正常胎位。到头也露出来后，即可顺利产出，不必助产。

产双羔时，先后间隔5～30分钟，也有长达10小时以上的。母羊产出第一只羔羊后，如仍表现不安，卧地不起，或起立后又重新躺下、努责等，可用手掌在母羊腹部前方适当用力向上推举。如是双羔，则能触到一个硬而光滑的羔体，应准备助产。

羔羊产出后，应迅速将羔羊口、鼻、耳中的黏液抠出，以免其呼吸困难、窒息死亡，或者黏液被吸入气管引起异物性肺炎。羔羊身上的黏液必须让母羊舔净，如母羊不恋羔羊，可把胎儿黏液涂在母羊嘴上，引诱母羊把羔羊身上舔干。如天气寒冷，则用干净布或干草迅速将羔羊身体擦干，以免其受凉。不能用同一块布擦同时产羔的几只母羊的羔羊。

羔羊出生后，一般母羊站起，脐带便自然断裂，这时应在脐带断裂端涂5%碘酒消毒。如脐带未断，可在离脐带基部4～6厘米处将内部血液向两边挤，然后在此处剪断，涂抹浓碘酒消毒。

5.难产及助产

初产母羊应适时予以助产。一般当羔羊嘴已露出阴门后，以手用力捏挤母羊尾根部，羔羊头部就会被挤出，同时用手拉出羔羊的两前肢并顺势向后下方轻拖，羔羊即可产出。

阴道狭窄、子宫颈狭窄、母羊阵缩及努责微弱、胎儿过大、胎位不正常，均可能引起难产。在破水后20分钟左右，若母羊不努责，胎膜也未出来，应及时助产。助产必须适时，过早不行，过晚则母羊精力消耗太大，羊水流尽不易产出。

助产的方法主要是拉出胎羔。助产员要剪短、磨平指甲，洗净手臂并消毒，涂抹润滑剂。先帮助母羊将阴门撑大，把胎儿的两前肢拉出来再送进去，反复三四次后，一手拉前肢，一手扶头，配合母羊的努责，慢慢向后下方拉出，注意不要用力猛拉。

难产有时是由于胎势不正引起的，一般常见的胎势不正，有头出前肢不出、前肢出头不出、后肢先出、胎儿上仰、臀部先出、四肢先出等等。首先要弄清楚属于哪种不正常胎势，然后将不正常胎势变为正常胎势，即用手将胎儿轻轻摆正后，再让母羊自然产出胎儿。

6.假死羔羊救治

有些羔羊产出后，心脏虽然跳动，但不呼吸，这种现象被称为“假死”。抢救“假死”羔羊的方法很多。首先应把羔羊呼吸道内吸入的黏液、羊水清除掉，擦净鼻孔，向鼻孔吹气或进行人工呼吸。可把羔羊放在前低后高的地区仰卧，手握前肢，反复前后屈伸，用手轻轻拍打其胸部两侧，或提起羔羊两后肢，使羔羊悬空，并拍击其背、胸部，使堵塞咽喉的黏液流出，并刺激其肺呼吸。

有人把救治“假死”羔羊的方法编成了顺口溜：“两前肢，用手握，似拉锯，反复做，鼻腔里，喷喷烟，刺激羔，呼吸欢。”

严寒季节，放牧离舍过远或对临产母羊护理不慎，可能致使羔羊产在室外。这时羔羊因受冷，会呼吸迫停、周身冰凉。遇此情况时，应立即将羔羊移入温暖的室内进行温水浴。洗浴时水温由38℃逐渐升到42℃，羔羊头部要露出水面，切忌呛水，洗浴时间为20～30分钟。同时要结合急救“假死”羔羊的其他方法，使其复苏。

7.产后母羊及新生羔羊护理

(1)产后母羊护理　母羊产后，应让其好好地休息，并饮一些温水，第一次不宜过多，一般1～1.5升即可。最好喂一些麸皮和青干草。若母羊膘情较好，产后3～5天不要喂混合精料，以防消化不良或发生乳房炎。胎衣在分娩后要及时拿走，防止母羊吞食。

产后母羊应注意保暖，避免贼风，预防感冒。在母羊哺乳期间，要勤换垫草，保持羊舍清洁、干燥。

(2)初生羔羊护理　初生羔羊体质较弱，适应能力低，抵抗力差，容易发病，因此要加强护理，保证其成活及健壮成长。

①吃好初乳：初乳含丰富的营养物质，容易被消化吸收，还含有较多的抗体，能抑制消化道内病菌繁殖。如果吃不足初乳，羔羊抗病力降低，胎粪排出困难，易发病，甚至死亡。

羔羊出生后，一般十几分钟即能站起，寻找母羊乳头。第一次哺乳应在接产人员护理下进行，使羔羊尽早吃到初乳。如果一胎多羔，不能让第一个羔羊把初乳吃净，要使每个羔羊都能吃到初乳。

②羔舍保温：羔羊出生后体温调节机能还不完善，若羔舍温度过低，就会使羔羊体内能量消耗过多，体温下降，影响羔羊健康和正常发育。一般冬季羔舍温度保持在5℃为宜。在冬季，注意产后3～7天内，不要把羔羊和母羊牵到舍外有风的地方。7日后，母羊可到舍外放牧或食草，但不要走得太远，也不要让羔羊随母羊去舍外。

③代乳或人工补乳：一胎多羔或产羔母羊死亡或母羊因乳房疾病而无奶等原因会引起羔羊缺奶，此时应及时采取代乳和人工哺乳

的方法来解决。

高产羊品种的成年母羊，三产以后，一胎产3～5只羔羊不足为奇。所以在发展高产羊生产的同时，可饲养一些奶山羊，作为代乳母羊。当产羔多时，要人工使初生羔羊普遍吃初乳达7天以上，然后为产羔母羊留下2～3只羔羊，把多余的羔羊移到代乳的母山羊圈内，人工辅助羔羊哺乳，并在羔羊吃完奶后，挤出一些山羊奶，抹到羔羊身上。经5～10天左右，母山羊不拒绝为羔羊哺乳时，再过一段时间即可将羔羊放回大群。

人工哺乳的奶源包括牛奶、羊奶、代乳品和全脂奶粉。应定时、定量、定温、定次数对羔羊进行喂乳。一般7日龄内每天喂5～9次，8～12日龄每天4～7次，以后每天3次。

人工哺乳在羔羊少时用奶瓶，多时用哺乳器(一次可供8只羔羊同时吸乳)。使用牛奶、羊奶时应先煮沸消毒。10日龄以内的羔羊不宜补喂牛奶。若使用代乳品或全脂奶粉，宜先用少量羔羊初试，证实无腹泻、消化不良等异常表现后再对其他羔羊使用。

④疫病防治:羔羊出生后一周内，容易患痢疾，应采取综合措施防治。在羔羊出生后12小时内，可喂服土霉素，每只每次0.2～0.5克，每天1次，连喂3天。

对羔羊要经常仔细观察，做到有病及时治疗。一旦发现羔羊生病，要立刻隔离，认真护理，及时治疗。羊舍粪便、垫草要焚烧。被污染的环境及土壤、用具等要用3%～5%来苏水喷雾消毒。

三、提高山羊繁殖力的措施

现代养羊业的一个突出特点就是要在种羊选择、培育、科学管理、授精、保胎、羔羊育成等方面采用最新技术，从而有效地提高山羊的繁殖性能。

1.提高公羊的繁殖力

公羊的繁殖力主要表现在交配能力、精子的数量、精液的质量以及公羊本身具有的遗传性能等方面。

(1)选择繁殖力高的种公羊　公羊个体的繁殖力不同。繁殖力高的公羊,其后代多具有同样高的繁殖力。据研究,经多产性选择的公羔,含有较多的促黄体素(LH),而睾丸生长的差异,主要取决于促黄体素的作用。因此,睾丸的大小可作为多产性最有用的早期标准,大睾丸公羊的初情期也比小睾丸公羊的初情期早。同时,阴囊围大的公羊,其交配能力也较强。

选留公羊,除要注意血统、生长发育情况、体质外形和生产性能外,还应对睾丸进行检查,凡属隐睾、单睾、睾丸过小、畸形、质地坚硬、雄性特征不强的,都不能留种。

应经常检测公羊的精液品质,包括 pH、精子活力、密度等。若公羊长期性欲低下、配种能力不强、射精量少、精子密度低、活力差、畸形精子多、受胎率低等,便不能作为种羊使用。

(2)科学管理　科学管理包括繁殖前进行训练、调教等。每只公羊本交母羊应不超过 50 只,在配种前应每隔 15～30 天检查睾丸一次,配种前 3～6 周应剪毛一次。配种时,应每天采精一次,隔 5～6 天休息一次。

(3)全年均衡饲养种公羊　种公羊在非配种季节应有中等或中等以上的营养水平,配种季节间要求更高,应保持健壮,精力充沛,又不能过肥。由于精子从产生到成熟的时间为 49 天,因此在配种前 30～45 天就要加强种公羊的营养和饲养管理,按配种季节的营养标准饲喂。

一般在配种季节,每日每头种公羊要供给青饲料 1～1.3 千克、混合精料1～1.5 千克、干草适量。

种公羊应集中饲养,科学补饲草料,保证其良好的种用体况。提高公羊繁殖力要从多方面努力，不断采用先进技术，有效提高其繁殖性能。

2.加强母羊的选择

同一品种的母羊平均排卵水平达到2个以上时，个体排卵水平就可能在1～6个，甚至有更大的差异，这就为选择提供了机会。第一胎产双羔的母羊，具有较大的繁殖力，所以要选择第一胎产双羔和头三胎产多羔或终生繁殖力高的母羊留种。根据家系选留多胎母羊也是一种选择方法。

据资料记载，单、双胎的公母羊按不同组合配种，其后代双羔率不同。如单×双为51.9%，双×单为38%，双×双为52.4%。因此，采用双胎公羊配双胎母羊，可有效地提高双羔率。

初配就空怀的处女羊，以后也易空怀。连续两年发生难产、产后弃羔、母性不强、所生羔羊断奶后重量过小的母羊均应该淘汰。

产羔率还与年龄有关。羊在3.5～7.5岁时的蛋白质代谢最为旺盛，一般到4岁前后能达到排卵的最高峰。因此，多羔率在2岁左右即1～2胎时较低，3～6岁时最高，7岁以后逐渐下降，所以7岁以上的母羊要及时淘汰。合理调整羊群结构，使2～7岁羊占70%，1岁羊占25%，可保持羊群最佳结构和繁殖力。

3.提高母羊的营养

体重和排卵之间有正相关关系。据资料记载，配种前体重每增加1千克，产羔率相应可增2.1%。因此，提高母羊各阶段营养，保证其良好体况，直接影响繁殖率。实践证明，配种前2～3周提高羊群的饲养水平，可增加10%的一胎多羔率。

配种前期要催情补饲，使母羊到配种季节达到满膘，使全群适龄母羊全部发情、排卵；对于怀孕母羊，特别是胎儿快速发育的怀孕后期2个月，不仅要使母羊吃饱，而且要满足母羊对各种营养的需要。

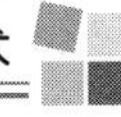

要坚持补饲混合精料（玉米、饼粕、麸皮、微量元素等）以及优质青干草、多汁饲料（萝卜等块根、块茎）等。为保障泌乳期充足的乳汁及母羊体况，需根据母羊膘情及产羔数量的不同，在泌乳期补饲混合精料和青干草等。一般双羔母羊日补混合精料 0.4 千克、青干草 1.5 千克；单羔母羊日补混合精料 0.2 千克、青干草 1 千克。

加强妊娠后期和哺乳期母羊的饲养，可明显提高羔羊初生体重。妊娠期体重增加 7～8 千克，所产单羔体重可达 4 千克以上，双羔体重 3.5 千克以上，哺乳日增重可达 180 克以上。

4.同期发情控制技术

同期发情控制技术就是使用激素等药物，使母羊在 1～3 天内同时发情、排卵。

目前比较实用的方法是孕激素阴道栓塞法：取一块泡沫塑料，大小如墨水瓶盖，拴上细线，浸入孕激素制剂溶液，塞入母羊子宫颈口，细线的一端引至阴门外（便于拉出），放置 10～14 天后取出。当天肌注孕马血清促性腺激素（PMSG）400～500 国际单位，一般 30 小时左右即有发情表现，在发情当天和次日各输精一次，或放进公羊群自然交配。

孕激素制剂可选用以下任何一种：孕酮，500～1000 毫克；甲孕酮（MAP），50～70 毫克；氯孕酮（FGA），20～40 毫克；氯地孕酮（CAP），20～30 毫克。后三种制剂效力远远强于孕酮。孕马血清促性腺激素可诱导发情。其他的同期发情控制技术有前列腺素（PGF2α）注射法、15-甲基前列腺素—孕马血清促性腺激素注射法、孕激素—前列腺素注射法，但因成本高，故应用不多。

5.繁殖季节的控制

山羊的繁殖季节主要是在晚夏、秋季及气候温和地区的早冬。繁殖季节的控制就是在山羊饲养过程中，延长繁殖季节。这方面包括:对由于季节原因处于乏情的空怀母羊或由于哺乳处于乏情的带羔母羊,采取技术措施,使其发情、排卵、受精;在正常配种季节到来之前一月左右,采取一定措施,使配种季节提前开始,并合理安排生产计划,提高繁殖率。对繁殖季节的控制目的是缩短产羔间隔,增加产羔频率。

(1)羔羊实行早期断奶(4 周) 断奶之后对母羊用孕激素制剂处理 10 余天,停药时再注射孕马血清促性腺激素。具体做法与同期发情处理相同,处理时间可多几天,用药量适当增大。但在乏情季节诱导发情配种,排卵率、受胎率和产羔率都比正常繁殖季节低。

(2)调节光照周期 在配种季节到来之前进行短日照处理(8 小时日照、16 小时黑暗),可改善乏情季节公母羊的繁殖力和性欲,使配种季节提前到来。

(3)公羊效应 公、母羊分群一月以上,然后在正常配种繁育季节开始之前,将结扎输精管的试情公羊放入母羊群中,可对母羊产生性刺激,使母羊提前发情、排卵。新西兰用此办法试验,使 80%的母羊在 6 天内发情配种。若使用种公羊,还能刺激其睾丸发育和性驾驭能力,并改善公羊精液质量。

6.诱产多胎

最迟在配种前一个月改进日粮,催情补饲,抓好膘情。配种体重若增加 5 千克,多羔率可提高 9%。

孕马血清促性腺激素对提高母羊繁殖力有明显的效果。在发情周期的第 12 天或第 13 天,一次皮下注射孕马血清促性腺激素 500~1000 国际单位,可促使母羊提高排卵数。适宜剂量因品种而异。

给配种季节母羊肌注孕马血清促性腺激素 800IU 和 15-甲基前列腺素 1 毫克,多羔率会明显提高。注射后 3 天内发情率可达到 95%以上。

在同期发情处理后的第 12~13 天注射促性腺激素释放激素

(GnRH)，可使垂体释放促黄体素和促卵泡素，诱导母羊发情排卵。一般以4毫克静脉注射或肌肉注射为宜。

除用以上激素处理方法外，还可用免疫法提高排卵率，即以人工合成的外源性固醇类激素做抗原，给母羊进行主动免疫，使机体产生生殖激素抗体，减弱山羊卵巢固醇类激素对下丘脑垂体轴的负反馈作用，使促性腺激素释放激素增多，从而提高排卵率。国内产品有兰州畜牧研究所和内蒙古等地生产的双羔苗(素)，将该产品于母羊配种前5周和2～3周在其颈部皮下各注射一次，每次每只1毫升，可提高排卵率55%左右，提高产羔率20%以上。

7.分娩控制

在产羔季节，控制分娩时间，有利于统一安排接羔工作，节约劳力和时间，并提高羔羊成活率。

诱发分娩提前到来，常用的药物有地塞米松(15～20毫克)、氟米松(7毫克)。在预产前一周内注射，一般36～72小时内即可完成分娩。晚上注射比早晨注射引产时间快些。

注射雌激素也会诱发分娩。注射15～20毫克苯甲酸雌二醇(ODB)，48小时内可分娩。用雌激素引产对乳腺分泌有促进作用，可提高泌乳量，有利于羔羊增重和发育。但有报道说难产增多。

注射前列腺素(PGF2α)15毫克也可诱发母羊分娩，注射后至分娩平均间隔时间为83小时左右。

对配种的母羊做发情同期化处理并进行同期诱发分娩，对生产最有利，预产期接近的母羊可作为一批进行同期诱发分娩。例如同情发情配种的母羊在妊娠第142天晚上接受注射，第144天早上可开始产羔，持续到第145天可全部产完。

第四章
山羊的饲养管理

科学的饲养管理，对优质高效的养羊生产和养羊业的发展具有重要意义。

一、山羊的生物学特性与消化机能的特点

1. 山羊的生物学特性

(1)群性　山羊除少数品种群性不强以外，一般都喜欢合群而居、合群而游。离群的头羊，不能正常行动，鸣声悲哀。合群是山羊适应自然而生存的本能，遇到敌情时能“群起而攻之”。

(2)饮食习性

①喜食树叶、树皮、嫩枝、低矮牧草，采食范围广。

②山羊喜欢不时变换饲料，若给同样饲料，久饲就会生厌。饲料不要过于单调。

③爱清洁。山羊的嗅觉发达，对食物先嗅后食，喜吃干净的饲草饲料，喜饮清洁、流动的水。

(3)活泼爱动喜登高　山羊性情活泼，行动敏捷，喜欢登高地而避潮湿。在羊栏内，山羊能跳到墙头上甚至跳到屋顶上。在山区的陡坡和悬崖上，山羊能够行动自如。在高处有其喜食的牧草或树叶时，山羊能将前肢攀在岩石或树干上，甚至腾空，后肢直立，获取高处

的食物。因此，可在无法放养绵羊或其他家畜的陡坡或山峦上对山羊进行放养。

（4）勇敢顽强易训练　山羊胆大顽强，神经敏锐，易于领会人的意图，易于训练。我国放牧山羊时，可选用公山羊作为头羊，经过训练的头羊，能按牧工的指令，带领羊群前进；如果遇到强敌侵害，它会用角来拒敌，勇猛异常。

（5）抗病能力强　山羊抗病能力强，在潮湿多寄生虫的地方，也能很好地生存。山羊抗病力因品种而异。一般粗毛羊的抗病力比细毛羊和肉用山羊要强。山羊对疫病的反应不像其他家畜那样敏感，在发病初期或遇到小病时，往往不易表现出来，当有明显症状时，疾病已经很严重了。因此，在放牧和舍饲管理时，管理人员要细心观察，及时发现生病的山羊，使其得到及时治疗。

2. 山羊消化机能的特点

山羊属于反刍动物，是有四个胃室的复式胃。四个胃室总容量为 30 升左右。第一个胃叫瘤胃，在腹腔左侧。第二个胃叫网胃，为球形，内壁分隔成很多网格，如蜂巢状，又称蜂巢胃。第一胃和第二胃紧连在一起，它们的消化生理作用基本相似。除了机械作用外，胃内有大量的微生物活动，分解、消化食物。第三个胃叫瓣胃，内壁有无数纵列的褶膜，对食物进行机械性压榨作用。第四个胃叫皱胃，为圆锥形，由胃壁的胃腺分泌胃液，其主要成分是盐酸和胃蛋白酶。饲料在胃液的作用下进行化学性消化。前三个胃都没有腺体组织，称为前胃，第四胃能分泌消化液，称为真胃。

山羊的反刍是由于粗糙食物刺激网胃、瘤胃前庭和食管沟的黏膜，产生复杂的神经反射，引起逆呕，而将食物返回口腔，进行再次咀嚼、混合唾液、再吞咽的过程。反刍是周期性的。在食入饲料后 40～70 分钟即出现第一次反刍，每次反刍平均可持续 40～60 分钟。一昼夜反刍 8 次左右，反刍时间共约 8 小时。

山羊具有较强的消化能力，除以上特征外，还表现在如下几个方面。

(1)瘤胃的作用 瘤胃中有大量的微生物，即细菌和原虫，起主导作用的是细菌。一毫升瘤胃液体中有5亿～10亿细菌、5万～200万个原虫。瘤胃内的温度约为40℃，pH在6～8之间，正符合微生物的需要。瘤胃微生物对山羊的营养作用，主要有三点：

①能分解粗纤维：羊能够消化粗纤维50%～80%，牛能消化粗纤维50%～90%，马为30%～50%，猪为10%～30%，鸡0～10%。由微生物产生的粗纤维水解酶，把粗饲料中的粗纤维分解成易消化的碳水化合物，被羊所利用，产生的几种低级脂肪酸(乙酸、丙酸、丁酸)可以合成葡萄糖或氨基酸，维持瘤胃正常的酸碱度。

②合成菌体蛋白质：依靠微生物的作用，瘤胃微生物可以把质量低的蛋白质(如玉米、高粱)或非蛋白氮合成质量高的菌体蛋白质，而后在羊的小肠内，经过羊肠蛋白酶的作用，被消化、吸收、利用。

③依靠微生物可以合成B族维生素和维生素K，因此，在羊的营养上不必另外供给这几种维生素。

(2)小肠特别长 山羊的肠管又细又长，总长度为20～40米，其中小肠长度17～34米，大肠长度4～13米，体长与肠子长度之比为1∶(25～30)。小肠是羊进行消化吸收的主要器官。小肠长，就意味着羊的消化吸收能力强。

(3)羔羊的消化特点 哺乳时期的羔羊，起作用的主要是第四胃，前三个胃的作用不大，因为这时候瘤胃的微生物区系尚未形成，还不能像成年羊那样能利用大量粗饲料。所以小羔羊在补饲时，饲料中粗纤维的含量不能高，同时还要补充质量较高的蛋白质。

二、山羊的一般饲养管理原则

1.青粗饲料为主,精饲料为辅

山羊应以饲喂青粗饲料为主,根据不同季节和生长阶段,营养不足时用精饲料补充。实践证明,山羊的食性很广,能采食乔灌木枝叶及多种植物,也能采食各种农副产品及青贮饲料。要充分利用山羊饲料来源广的特点,有条件的地区尽量采取放牧、青刈等形式来满足山羊对营养的需要,而在枯草期或生长旺盛期可用精饲料加以补充。这样既能广泛利用粗饲料,又能科学地满足山羊的营养需要。配合饲料时应以当地的青绿多汁饲料和粗饲料为主,尽量利用本地价格低、数量多、来源广、供应稳定的各种饲料。这样,既符合羊的消化生理特点,又能利用植物性粗饲料,从而达到降低饲料成本、提高经济效益的目的。

2.合理地搭配饲料,力求多样化,保证营养的全价性

为了提高羊的生产性能,应依据其种类、年龄、性别、生物学不同时期和饲料来源、种类、储备量、质量、羊的管理条件等,科学合理地搭配饲料,以满足羊对营养物质的需要。做到饲料多样化,可保证日粮的全价性,提高机体对营养物的利用率,这是提高山羊生产性能的必备条件。同时,饲料的多样化和全价性,能提高饲料的适口性,增强羊的食欲,促进消化液的分泌,提高饲料利用率。

3.坚持饲喂的规律性

山羊人工圈养条件下,其采食、饮水、反刍、休息都有一定的规律。每日定时、定量、有顺序地饲喂精、粗饲料,投喂有先后顺序,可使羊建立稳固的条件反射,有规律地分泌消化液,促进饲料的消化吸收。现在的羊场多实行每昼夜饲喂 3 次、自由饮水终日不断的饲喂

方式。先投粗饲料，吃完后再投混合精料。对放牧饲养的羊群，应在归牧后补饲精饲料。山羊在饲养过程中，严格遵守饲喂的时间、顺序和次数，就会使山羊形成良好的进食规律，减少疾病的发生，提高生产力。

4.保持饲料品质、饲料量及饲料种类的相对稳定

养羊生产具有明显的季节性，季节不同，山羊所采食的饲料种类也不同。因此，饲养过程中要随季节变更饲料。羊对采食的饲料具有一种习惯性，瘤胃中的微生物对采食的饲料也有一定的选择性和适应性。饲料组成发生骤变，不仅会降低羊的采食量和消化率，而且会影响瘤胃中微生物的正常生长和繁殖，进而使羊的消化机能紊乱，营养失调。因此，饲料的增、减、变换应有一个相适应的渐进过程。这里必须强调的是，混合精料量的增加一定要逐渐进行，谨防加料过急，引起消化障碍，导致山羊在以后的很长时间里吃不进混合精料，即所谓“顶料”。为防止顶料，在增加饲料时最好每四五天加料一次；减料可适当加大幅度。

5.充分供应饮水

水对饲料的消化吸收、机体内营养物质的运输代谢和整个机体的生理调节均有重要作用。山羊在采食后，饮水量大而且次数多，因此，每日必须供应给山羊足够的清洁饮水。夏季高温时要加大供水量，冬季以饮温水为宜。要注意水质，经常刷洗和消毒水槽，以防各种疾病的发生。

6.合理布局与分群管理

应根据羊场规模与圈舍条件、羊的性别与年龄等进行科学合理的布局和分群。一般在生产区内公羊舍占上风向，母羊舍占下风向，幼羊居中。

应根据羊的种类、性别、年龄、健康状况、采食速度等进行合理的分群，避免混养时出现强欺弱、大欺小、健欺残的现象，从而使不同的羊只均得到正常的生长发育和生产性能的充分发挥，使弱、病羊只体况得到有利恢复。

三、各类山羊的饲养管理

1.种公羊的饲养

种公羊是发展养羊产业的重要生产资料，对羊群的生产水平、产品品质都有重要的影响。在现代养羊业中，人工授精技术得到广泛的应用，需要的种公羊不多，因而对种公羊品质的要求越来越高。养好种公羊是使其优良遗传特性得以充分体现的关键。饲养种公羊应使其常年保持结实健壮的体质，达到中等以上的种用体况，并具有旺盛的性欲、良好的配种能力和精液品质。要达到这样的目的，必须做到：第一，保证饲料的多样性，精粗饲料合理配比，尽可能保证青绿多汁饲料全年较均衡的供给，在枯草期较长的地区，要准备较充足的青贮饲料，同时要注意矿物质、维生素的补充；第二，日粮应保持较高的能量和粗蛋白水平，即使在非配种季节内，种公羊也不能单一饲喂粗料或青绿多汁饲料，必须补饲一定的混合精料；第三，种公羊必须有适度的放养和运动时间，这对非配种季节种公羊的饲养尤为重要，以避免其过肥而影响配种能力。

(1)非配种季节的饲养　种公羊在非配种季节，虽然没有配种任务，但其饲养管理工作也不能被忽视。种公羊在非配种季节的饲养以恢复和保持其良好的种用体况为目的。配种结束后，种公羊的体况都有不同程度的下降，为使其很快恢复，在配种刚结束的1～2个月内，种公羊的日粮应与配种季节基本一致，但对日粮的组成可做适当调整，增加优质青干草或青绿多汁饲料的比例，并根据体况的恢复情况，逐渐转为非配种季节的日粮。

在我国的北方地区，羊的繁殖季节性很明显，大多集中在9～11月（秋季），非配种季节较长。在冬季，种公羊的饲养要保持较高的营养水平，这样既有利于其体况恢复，又能保证其安全越冬度春；应做到精、粗料合理搭配，补喂适量青绿多汁饲料（或青贮料），在混合精料中补充一定的矿物质微量元素；混合精料的用量不低于0.5千克，优质干草为2～3千克。种公羊在春、夏季以放牧为主，每日补喂少量的混合精料和干草。

在我国南方大部分低山地区，气候比较温和，雨量充沛，牧草的生长期长，枯草期短，加之农副产品丰富，所以羊的繁殖季节可表现为春、秋两季，部分母羊可全年发情配种。因此，对种公羊全年均衡饲养尤为重要。除搞好放牧、运动外，每天应补饲0.5～1.0千克混合精料和一定的优质干草。

(2)配种季节的饲养　种公羊在配种季节内要消耗大量的养分和体力，因配种任务和采精次数不同，个体之间对营养的需要量差异较大。对配种任务繁重的优秀种公羊，每天应补饲1.5～3.0千克的混合精料，并在日粮中增加部分动物性蛋白质饲料（如蚕蛹粉、鱼粉、血粉、肉骨粉、鸡蛋等），以保持其良好的精液品质。配种季节种公羊的饲养管理要做到认真、细致，要经常观察羊的采食、饮水、运动及粪尿排泄等情况。保持饲料、饮水的清洁卫生，如有剩料应及时清除，减少饲料的污染和浪费。青干草要放入草架，用以饲喂。

在南方地区，夏季高温、潮湿，这对种公羊不利，会造成精液品质下降。种公羊的放牧应选择干燥、凉爽的草场，尽可能充分利用早、晚时间进行放牧，中午将公羊赶回圈内休息。种公羊舍要通风良好。如有可能，种公羊舍应修成带漏缝地板的双层式楼圈或在羊舍中铺设羊床。

在配种前1.5～2个月，逐渐调整种公羊的日粮，增加混合精料的比例，同时进行采精训练和精液品质检查。开始时每周采精检查1次，以后增至每周2次，并根据种公羊的体况和精液品质来调节日粮

或增加运动。

对精液稀薄的种公羊，应增加日粮中蛋白质饲料的比例；当精子活力差时，应加强种公羊的放牧量和运动量。

种公羊的采精次数要根据羊的年龄、体况和种用价值来确定。对1.5岁左右的种公羊，每天采精1～2次为宜，不要连续采精；对成年公羊，每天可采精3～4次，有时可达5～6次，两次采精之间应有1～2小时的间隔。特殊情况下(种公羊少而发情母羊多)，成年公羊可连续采精2～3次。采精较频繁时，也应保证种公羊每周有1～2天的休息时间，以免因过度消耗养分和体力而造成其体况明显下降。

2.繁殖母羊的饲养

母羊是羊群发展的基础。母羊数量多，个体差异大。为保证母羊正常发情、受胎，实现多胎、多产和羔羊全活、全壮，母羊的饲养不仅要从群体营养状况来合理调整日粮，对少数体况较差的母羊还应单独组群饲养。对妊娠母羊和带仔母羊，要着重做好妊娠后期和哺乳前期的饲养和管理工作。

(1)空怀和妊娠前期的饲养　羊的配种繁殖因地区及气候条件的不同而有很大的差异。北方牧区，羊的配种集中在9～11月份。母羊经春、夏季放牧饲养，体况较好。对体况较差的母羊，可在配种开始前1～1.5个月放到牧草生长良好的草场进行抓膘。对少数体况很差的母羊，每天可单独补喂0.3～0.5千克混合精料，使其在配种季节内正常发情、受胎。南方地区，母羊的发情相对集中在晚春和秋季(4～5月份和9～11月份)，或四季均可发情。为保持母羊良好的配种体况，应尽可能做到全年均衡饲养，尤其应搞好母羊的冬春补饲。

母羊配种受胎后的前3个月内，对能量、粗蛋白的要求与空怀期相似，但应补喂一定的优质蛋白质饲料，以满足胎儿生长发育和组织器官分化对营养物质(尤其是蛋白质)的需要。初配母羊的营养水平应略高于成年母羊，日粮的混合精料比例为5%～10%。

(2)妊娠后期的饲养 妊娠后期，胎儿的增重明显加快，母羊自身也需储备大量的养分，为产后泌乳做准备。而这时母羊腹腔容积有限，对饲料干物质的采食量相对减小，饲料体积过大或水分含量过高均不能满足母羊的营养需要。因此，要做好妊娠后期母羊的饲养，除提高日粮的营养水平外，还必须考虑组成日粮的饲料种类，增加混合精料的比例。在妊娠前期的基础上，能量和可消化蛋白质分别提高20%～30%和40%～60%，钙、磷增加1～2倍[钙、磷比例为(2～2.5)∶1]。产前8周，日粮的混合精料比例提高到20%，产前6周为25%～30%，而在产前1周，要适当减少混合精料用量，以免胎儿体重过大而造成难产。妊娠后期，对母羊的管理要细心、周到，在进出圈舍及放牧时，要控制羊群，避免拥挤或急驱猛赶。补饲、饮水时要防止拥挤和滑倒，否则易造成流产。除遇暴风雨天气外，母羊的补饲和饮水均可在运动场内进行，以增加母羊户外活动的时间。干草或鲜草用草架投喂。产前1周左右，夜间应将母羊放于待产圈中饲养和护理。

(3)哺乳前期的饲养 母羊产羔后泌乳量逐渐上升，在4～6周内达到泌乳高峰，10周后逐渐下降(乳用品种可维持更长时间)。随着泌乳量的增加，母羊需要的养分也相应增加，当草料所提供的养分不能满足其需要时，母羊会大量动用体内贮存的养分来弥补。所以，泌乳性能好的母羊往往比较瘦弱。在泌乳前期(羔羊出生后2月内)，母乳是羔羊获取营养的主要来源。为满足羔羊生长发育对养分的需要，保持母羊的高泌乳量是关键。在加强母羊放牧量的前提下，应根据其带羔的多少和泌乳量的高低确定混合精料补饲量。带单羔的母羊，每天补喂混合精料0.3～0.5千克；带双羔或多羔的母羊，每天应补饲0.5～1.5千克。对体况较好的母羊，产后1～3天内可不补喂混合精料，以免造成消化不良或发生乳房炎。为调节母羊的消化机能，促进恶露排出，可喂少量轻泻性饲料(如在温水中加入少量

麦麸)。3 日后逐渐增加精饲料的用量,同时给母羊饲喂一些优质青干草和青绿多汁饲料,以促进母羊的泌乳机能。

(4)哺乳后期的饲养 哺乳后期,母羊的泌乳量下降,即使加强母羊的补饲,也不能继续维持其高的泌乳量,此时,单靠母乳已不能满足羔羊的营养需要,且羔羊已具备一定的采食和利用植物性饲料的能力,对母乳的依赖程度减小。所以在泌乳后期应逐渐减少对母羊的补饲,到羔羊断奶后,母羊可完全采用放牧饲养,但对体况下降明显的瘦弱母羊,需补喂一定的干草和青贮饲料,使母羊在下一个配种季节到来时能保持良好的体况。

3.羔羊的饲养管理

哺乳期的羔羊生长发育强度最大而又最难饲养,稍有不慎便会影响羊的发育和体质,造成羔羊发病率和死亡率的增加,给养羊生产造成重大损失。羔羊在哺乳前期主要依靠母乳获取营养,母乳充足时羔羊发育好、增重快、健康活泼。母乳可分为初乳和常乳,母羊产后第一周内分泌的乳汁叫初乳,以后的为常乳。初乳浓度大、养分含量高,尤其是含有大量的抗体球蛋白和丰富的矿物质元素,可增强羔羊的抗病力,促进胎粪排泄。应保证羔羊在产后 15～30 分钟内吃到初乳。

羔羊的早期诱食和补饲,是羔羊培育的一项重要工作。羔羊出生 7～10 天后,在跟随母羊放牧或采食饲料时,会模仿母羊的行为,采食一定的草料。此时,可将大豆、蚕豆、豌豆等炒熟,粉碎后撒于饲槽内对羔羊进行诱食。初期,每只羔羊每天喂 10～50 克即可,待羔羊习惯以后逐渐增加补喂量。羔羊补饲应单独进行,当羔羊的采食量达到 100 克左右时,可用含粗蛋白 24%左右的混合精料进行补饲。到哺乳后期,羔羊在白天可单独组群,划出专用草场对其进行放牧,结合补饲混合精料;优质青干草可投放在草架上任其自由采食,以禾本科和豆科青干草为好。

羔羊的补饲应注意以下几个问题:尽可能提早补饲;当羔羊习惯采食饲料后,所用的饲料要多样化、营养好、易消化;饲喂时要做到少喂、勤添;要做到定时、定量、定点;保证饲槽和饮水的清洁卫生。

要加强羔羊的管理,适时去角、去势,搞好防疫注射。羔羊出生时要进行称重;7～15 天内进行编号、去角;1 月龄左右对不符合种用要求的公羔进行去势。生后 7 天以上的羔羊可随母羊就近放牧,增加户外活动的时间。对少数因母羊死亡或缺奶而表现瘦弱的羔羊,要做好人工哺乳或寄养工作。

羔羊一般采用一次性断奶。断奶时间要根据羔羊的月龄、体重、补饲条件和生产需要等因素综合考虑。在国外工厂化肥羔生产中,羔羊的断奶时间为 4～8 周龄;国内则为 3～4 月龄断奶。

对早期断奶的羔羊,必须提供符合其消化特点和营养需要的代乳饲料,否则会造成巨大损失。羔羊断奶时的体重对断奶后的生长发育有一定影响。体重过小的羔羊断奶后,生长发育明显受阻。如果受生产条件的限制,部分羔羊需提早断奶时,必须单独组群,加强补饲,以保证羔羊生长发育的营养需要。

羔羊时期发生最多的是"三炎一痢",即肺炎、肠胃炎、脐带炎和羔羊痢。要减少羔羊发病死亡率,提高其成活率,应注意做到以下几点。

(1)尽早吃好、吃饱初乳 当母羊舔干初生羔羊黏液,且羔羊能站立时,就应人工辅助使羔羊吃到初乳。初乳和常乳相比有许多优点:初乳具有较高的酸度,能有效刺激胃肠黏膜产生消化液,抑制肠道细菌活动;初乳中含有免疫球蛋白,能提高羔羊的抗病能力;初乳比常乳的矿物质和脂肪含量高一倍,维生素含量高 10～20 倍;初乳中所含钙盐和镁盐较多,镁盐有轻泻作用,能促使胎粪排出。

(2)加强对缺乳羔羊的补饲 无母羊的羔羊应尽早找保姆羊。对缺乳羔羊进行牛乳或人工乳补饲时,要掌握好温度、时间、喂量和卫生。初生羔羊不能喂以玉米糊或小米粥。

(3)搞好圈舍卫生 羔羊舍应宽敞、干燥卫生、温度适中、通风良好。羔痢的发生多在产羔10日后增多,原因就在于此时的棚圈污染程度加重。因此,应认真做好脐带消毒,做好哺乳和清洁用具的消毒,严重病羔要隔离,死羔和胎衣要集中处理。

(4)安排好哺乳和放牧时间 若母子分群放牧,则应合理安排放牧母羊时间,使羔羊哺乳的时间均匀、一致。初生羔羊在饲养5～7天后,可将其赶到日光充足的地区自由活动,3周后可随母羊放牧,选择距离较近、平坦、背风向阳、牧草好的地区。30日后,羔羊可编群游牧,不要去低湿、松软的放牧地。放牧时,注意从小就要训练羔羊听从口令。

(5)杜绝人为事故发生 人为事故的发生主要是因为管理人员缺乏经验,责任心不强。事故主要有放牧丢失、看护不周等。

(6)适时断乳 断乳应逐渐进行,一般经7～10天完成。开始断乳时,每天早晚仅让母子在一起哺乳2次,以后1次,逐渐断乳。断乳时间在3～4月龄,断乳羔羊应按性别、大小分群饲养。

羔羊是否吃饱,可用手摸其腹腔,根据胃容积大小而定。若羔羊频繁哺乳,边吸乳边顶撞乳房,而且伴有鸣叫,则表明母羊可能缺乳。

羊舍温度以5℃左右为宜。舍温合适不合适,可根据母子表现来判断:若羔羊卧在母体上,则表明室温低;母子相卧距离很远,表明舍温过高。

哺乳前期不能喂羔羊大量的粗饲料,羔羊舍应常有青干草、粉碎饲料和盐砖,供其自由采食,并保证充足的饮水。

因此,要认真做到对羔羊早喂初乳、早期补饲。生后7～10天开始喂青干草和水,10～20天喂混合精料,早断奶,及时查食欲、查精神、查粪便,可保证羔羊成活,减少死亡的发生。

4.育成羊的饲养管理

育成羊是指断奶后至第一次配种前这种年龄段的幼龄羊。在生产中一般将羊的育成期分为两个阶段：育成前期（4～8月龄）和育成后期（8～18月龄）。

育成前期，尤其是刚断奶不久的羔羊，生长发育快，瘤胃容积有限且机能不完善，对粗料的利用能力弱。这个阶段饲养的好坏，对羊的体格大小、体形和成年后的生产性能有着重要影响，因此，必须引起高度重视，否则会给整个羊群的品质带来不可弥补的损失。育成前期，羊的日粮应以混合精料为主，结合放牧或补喂优质青干草和青绿多汁饲料，日粮的粗纤维含量以15％～20％为宜。

育成后期，羊的瘤胃消化机能基本完善，可采食大量的牧草和农作物秸秆。这个阶段，育成羊以放牧为主，结合补饲少量的混合精料或优质青干草。粗劣的秸秆不宜用来饲喂育成羊，即使要用，在日粮中的比例不可超过25％，使用前还应进行合理的加工调制。

5.肉羊的饲养管理

肉羊的育肥是指在较短的时期内，采用不同的育肥方法，使肉羊达到体壮膘肥、适于屠宰的程度。根据肉羊的年龄，育肥分为羔羊育肥和成年羊育肥。羔羊育肥是指1周岁以内羊的育肥；成年羊育肥是指成年羯羊和淘汰老弱母羊的育肥。

我国山羊的育肥方法有放牧育肥、舍饲育肥和半放牧半舍饲育肥三种。

（1）放牧育肥　放牧育肥是我国常用的最经济的肉羊育肥方法。通过放牧，肉羊充分采食各种牧草和灌木枝叶，这样可以较小的人力、物力获得较高的增重效果。

①选育放牧草场，分区合理利用。要根据羊的种类和数量，选择适宜的放牧地。育肥山羊宜选择以禾本科牧草和杂草类为主的放牧地，或灌木丛较多的山地草场。要充分利用夏秋季天然草场牧草和灌木枝叶生长茂盛、营养丰富的特点做好放牧育肥工作。放牧地较宽的，应按地形划分成若干小区，实行分区轮牧，一个小区放牧2～3

天后再移到另一个小区，这样可使羊群能经常吃到鲜绿的牧草和枝叶，同时也使牧草和灌木有再生的机会，以提高产草量和利用率。

②加强放牧管理，提高育肥效果。对放牧育肥的肉羊，要尽量延长每日放牧的时间。夏秋时期气温较高，要做到早出牧、晚收牧，每天至少放牧12小时以上，甚至可采用夜间放牧的形式，让肉羊充分采食，加快增重长膘。在放牧过程中要尽量少驱赶羊群，使羊能安静采食，减少体能消耗。中午阳光强烈、气温过高时，可将羊群驱赶到背阴处休息。

③适当补饲，加快育肥。在雨水较多的夏秋季，牧草含水分较多，干物质含量相对较少，单纯依靠放牧的话，有时不能完全满足肉羊快速增重的要求。因此，为了提高育肥效果，缩短育肥时期，增加出栏体重，在育肥后期可适当补饲混合精料，每天每只羊约0.2～0.3千克，补饲期约1个月，育肥效果可明显提高。

(2)舍饲育肥　舍饲育肥就是用育肥饲料在羊舍饲喂肉羊。其优点是增重快、肉质好、经济效益高，适于缺少放牧草场的地区和工厂化专业肉羊生产采用。舍饲育肥的羊舍可建造成简易的半敞式羊舍，或利用旧房改造，要备有草架和饲槽。舍饲育肥的关键，是合理配制与利用育肥饲料。育肥饲料由青粗饲料、农副产品和各种混合精料组成，如干草、青草、树叶、作物秸秆以及各种糠、糟、油饼、食品加工糟渣等。

育肥期为2～3个月。初期，青粗饲料占日粮的60%～70%，混合精料占30%～40%；后期，混合精料可加大到60%～70%。为了提高饲料的消化率和利用率，秸秆饲料可进行加工调制，粮食籽粒要粉碎，有条件的可加工成颗粒饲料。青粗饲料要任羊自由采食，混合精料可分为上、下午2次补饲。

舍饲育肥期的长短要因羊而异。羔羊断奶后需经60～100天的育肥期，体重达到30～40千克时可出栏；成年羊可经40～60天的短期舍饲育肥后出栏。育肥时间过短，增重效果不明显；时间过长，到后期肉羊体内积蓄过多的脂肪，不适合市场要求，饲料报酬也不高。

育肥饲料中要保持一定量的蛋白质。若蛋白质不足，肉羊体内瘦肉比例就会减少，脂肪的比例则会增加。为了补充饲料中的蛋白质，或弥补蛋白质饲料的缺乏，可补饲尿素。补饲尿素的量只能占饲料干物质总量的2%，不能过多，否则会引起尿素中毒。尿素应加在混合精料中充分混匀后饲喂，不能单独喂，也不能加在饮水中喂。一般羔羊断奶后每天可喂10～15克尿素，成年羊可喂20克。

(3)半放牧半舍饲育肥　半放牧半舍饲育肥是放牧与补饲相结合的育肥方式。我国农村大多数地区可采用这种方式，既能利用夏秋牧草生长旺季进行放牧育肥，又可利用各种农副产品及少量混合精料进行后期催肥，提高育肥效果。半放牧半舍饲育肥可采用两种方式：一种是前期以放牧为主，舍饲为辅，少量补料，后期以舍饲为主，多补混合精料，适当就近放牧采食；另一种是前期利用牧草生长旺季全天放牧，使羔羊早期骨骼和肌肉充分发育，后期进入秋末冬初转入舍饲催肥，使肌肉迅速增长，贮积脂肪，经30～40天催肥，即可出栏。一些老残羊和瘦弱的羯羊在秋末集中1～2个月进行舍饲育肥，利用农副产品和少量混合精料补饲催肥，也是一种费用较少、经济效益较高的育肥方式。

四、山羊的放牧

山羊是适宜放牧的一种家畜，也唯有放牧，才能节约饲料开支，降低畜产品的成本。

1.放牧的准备工作

(1)组织放牧羊群　山羊要按品种、性别、年龄、健康状况和生产性能等进行分群。在同一品种的山羊中，一般可分为成年公羊群、成年母羊群、育成公羊群、育成母羊群、羔羊群和羯羊群。

组群定额的大小，要根据当地饲养条件来确定，农区一般以40～

50 只为宜，牧区为 200～300 只，半农半牧区 100 只左右。

(2)四季草场的选择　放牧前应对草场的面积、地形、植被以及四季风向等进行全面的了解，以确定各个季节草场利用的计划，合理安排四季草场。四季草场的选择可用"春洼、夏岗、秋平、冬暖"八个字来概括。

①春季：应选择低洼草场、盆地、河谷地带或山前的丘陵地，这些地区气候较温暖、草生较早，利于山羊放牧。

②夏季：应选择干燥、凉爽、饮水方便、蚊蝇少的地方放牧。因为夏季气温高、雨水多、蚊蝇多。

③秋季：应选择草好而密、地势平坦的草场放牧，提高放牧效率，让山羊抓膘以过冬。

④冬季：应选择背风向阳、地势低而暖和的地方放牧，有利于山羊保膘过冬。

2. 一般的放牧技术

(1)合理安排好队形　放牧队形很多，但基本上可归纳为两大类："一条鞭"放牧队形和"满天星"放牧队形。

①"一条鞭"放牧队形：羊群排成一列横队，保证 2～3 层羊同时前进。领群的羊工在前边离羊群 8～10 米远，左右移动并缓缓后退，引导羊群前进。另一名羊工在羊群的后边，防止个别羊只掉队或离群外跑。这种队形的优点：适合于地势比较平坦、植被均匀的中等草场；能使山羊增加采食量，充分利用牧草，减少游走时间；能很好地控制羊群，是春季防止"跑青"的一种有效放牧方式。

②"满天星"放牧队形：将羊群散布在一个轮牧小区或一定的范围内，让羊自由采食。羊工监视羊群，避免羊越界或过分分散，直到牧草被采食完全以后，才将羊群转移到新的草场去。这种队形的优点：适合于牧草特别优良、产草量很高的草场或者是牧草生长不均匀、产草量不高的草场；适合于有一定坡度的草场；是夏季放牧的一

种理想队形。

(2)要做到“三勤”、“四稳”

①“三勤”:就是手勤、腿勤、嘴勤。集中一个字,即羊工要“勤”。手勤就是羊工要不断挥着羊鞭,有效地控制羊群;腿勤就是要不断跟随羊群,不能坐立不动,要随时了解羊群;嘴勤就是要通过口令来集合羊群或驱赶羊群。

②“四稳”:就是出牧稳、放牧稳、饮水稳、收牧稳。

出牧稳:经过一个漫长的黑夜,在黎明到来之时,羊群的食欲很旺盛,食草欲很强,一出羊舍,就有可能飞快地向草场进军,这时,羊工要注意“稳”,不着急,慢慢地将羊群向目的地赶去。

放牧稳:四稳当中最为重要的是,放牧当中自始至终要保持稳。有这么一句谚语:“放羊打住头,放得满肚油,放羊不打头,放成跑马猴。”所以放羊一定要控制住羊群;胡乱放牧会把羊跑瘦、累死。

饮水稳:快到饮水的地方,要把羊群挡住,待羊喘息定了,才能开始饮羊。

收牧稳:经过一个白天的放牧,晚上羊只大多已吃饱,归心似箭,这时我们还要控制羊群,让羊慢慢走回家。

(3)要做到“三饱”、“四看”

①“三饱”:羊群不论采用什么放牧队形,都要强调一日三饱。如何确定羊是否吃饱,可以根据羊的表情来判断。若发现羊群中大部分羊站立前望,有卧下休息之趋势,羊工要控制羊群,原地休息,让羊有充分的时间反刍消化,休息反刍以后,再让羊群继续前进。

要在放牧中达到“三饱”的要求,就需羊工多辛苦,尽可能让羊多吃草、少走路,适当延长放牧时间或进行夜牧。还要让羊吃回头草,这样可以使羊吃得更饱。“羊吃回头草,天天吃个饱,羊吃跑马草,累死才拉倒。”

②“四看”:看草、看地形、看水、看天气。

看草:根据山羊头数和现有草场情况,合理利用草场。既要让羊

吃得饱，又要做到草场放牧不过度。

看地形：要注意观察草场地形，根据地形确定羊的放牧队形，特别是在山区放牧，其地形非常复杂，高低不平，要合理安排羊的放牧队形。

看水：每天放牧让羊饮水是必不可少的工作，羊在什么地方饮水、饮什么样的水源，羊工要心中有数。

看天气：要随时掌握天气的变化情况，以防羊群遭到突然袭击，造成不必要的损失。

3.四季放牧的特点

(1)春季放牧的特点　春季的羊最难放，这时的羊有气无力，因为经过一个漫长的冬季，特别是在补饲条件不足的情况下，羊只很瘦弱，可以说是弱不禁风。所以春季放牧的中心任务就是恢复羊的体力。

①选好草场：春洼，要求气候较暖，草生较早。

②防止“跑青”：在牧草刚刚萌发、开始返青时，青草稀短，远看绿油油，近看不供口，正如诗人所说“天街小雨润如酥，草色遥看近却无”，而羊可不理解这一点，容易出现跑青现象。跑青的羊只不但吃不饱，而且体力消耗极大，同时会践踏牧草，影响牧草的生机。防止跑青的办法主要有：

• 躲青：先黄后青，逐步过渡，选择枯草多的阴坡进行放牧，慢慢增加在青草地的放牧时间。

• 采用“一条鞭”放牧队形，对羊群进行控制。

• 确定合理的放牧时间：一般来说，禾本科牧草开始拔节后，高度为 10～15 厘米时放牧较合适；豆科牧草在花蕾初现时可进行放牧；杂草类在开始分枝时进行放牧。

③体弱羊要单独组群：在放牧时，体格壮的羊跑得快，能抢到好草吃，而体弱的羊只能跟在后面赶路，吃草的时间少，这样体弱的羊

会变得越来越弱。因此,体弱羊要单独组群,最好留在近处放牧,强壮的羊到较远的草场放牧。

④注意待产羊:临产羊不能远牧,每天出牧前要检查一下羊群,并根据预产期,让接近临产或有临产现象的母羊留下来,以便产羔。

(2)夏季放牧的特点 到了夏季,经过春季放牧的羊群身体逐渐恢复,同时牧草抽茎开花,营养价值高,因此夏季是羊只抓膘的好时期。

①选好草场:夏岗,选择干燥、凉爽、饮水方便、蚊蝇少的地方放牧。

②抓紧放牧时间,争取一日"三饱"。

③防止"扎窝子":夏季天气炎热,羊只为了避开太阳,寻找阴凉,一些羊往往钻到另一些羊的腹下,结果挤成一团,即"扎窝子"。防止办法:早出、晚归、中午休息,避开高温时间;上午放阳坡、下午放阴坡,上午顺风牧、下午逆风牧;采用"满天星"的放牧队形。

④注意天气变化:夏季雷雨较多,放牧时要及时掌握天气的变化情况,有雨时,尽量不要远牧。

(3)秋季放牧的特点 秋天气候凉爽,白天渐短,草质逐渐枯老,草籽成熟,羊的食欲旺盛,是放牧抓膘的又一个高峰时期。放牧放好了,羊只可在体内积累大量的脂肪,有利于冬季保膘。

①选好草场:秋平,选择草好而密的地方放牧。

②延长放牧时间:秋季要尽量延长放牧距离和放牧时间。秋季无霜期应早出晚归,中午不休息;晚秋有霜期采用晚出晚归、中午不休息的方式。

③合理利用草场:一般根据牧草枯萎的早晚来利用草场,其顺序是:由山顶到山坡;由阳坡到阴坡;由山上到沟里。

④加强配种母羊的管理:要做到放牧、配种两不误。

⑤防止"跑茬":秋季可以利用庄稼地的稿秆、籽实、杂草进行放牧,对抓膘也很有利,但要防止"跑茬",必须要加强对羊群的控制。

(4)冬季放牧的特点　冬季放牧的中心任务是"保膘、保胎、保羔"。

①选好草场:冬暖,选择背风向阳、地势低而暖和的地方放牧。

②注意草场的利用:先阴后阳,先远后近,先高后低,先洼后平。

③逆风出牧,顺风归牧:出牧时,羊只顶风前进,不至于走得太远,风也不能直接吹开毛被;顺风归来,可使羊只走得较快,避免丢失。

④稳放稳走,防止拥挤跌撞,以防引起妊娠母羊的流产。

⑤注意羊只的补饲和棚圈的维修。

4.划区轮牧

(1)划区轮牧　划区轮牧是有计划、合理利用草场的一种有效放牧形式。首先把草场分成若干个放牧单元(以羊群为单位),每个放牧单元再分成若干个轮牧小区,每一小区放牧 2～6 天,按一定的次序和时间轮流放牧。

(2)放牧周期　每一小区轮流一次所需的时间即放牧周期。放牧周期(天)＝每一小区放牧天数×小区数。放牧周期的长短主要由再生草的生长速度决定,再生草长到 8～20 厘米时,才可以再次放牧,这一般需 35 天左右。

(3)放牧频率　放牧频率是指一个小区在一个放牧季节内轮流放牧的次数,与草原类型和牧草再生速度有关,一般为 3～4 次。

5.放牧当中应注意的事项

(1)饮羊　不论什么时间放牧,饮羊是每日必不可少的工作。饮羊的水源有河水、泉水、井水等,但池塘的死水最不安全,容易引起寄生虫病,特别是一些凹地中的积水,切不可让羊饮用。饮羊时一定要选择清洁、流动的水源。注意要控制羊群,快到饮水的地方,把羊群挡住,待其喘息定了,才能开始饮羊。

(2)喂盐 盐能提供钠与氯，这二者是山羊不可缺少的矿物质元素，且能刺激羊的食欲。每只羊每日需供给10～15克。喂盐方法：将盐块装在木槽内，任羊自由舔食；或采用不定期的喂盐方法，隔5～10天，当羊吃草劲头不大时，即喂一次盐。

(3)三防 所谓“三防”，即防狼、防蛇、防毒草。

①防狼：群众总结防狼的经验是“早防前，晚防后，中午要防洼洼沟”。“早防前”就是早上出牧时，要防止走在羊群前边最贪食的羊被狼叼走。“晚防后”是傍晚收牧时，要小心落在羊群后边的羊。中午休息时，要防备由“沟洼”里蹿出来的狼。

②防蛇：蛇伤羊群，不论在牧区还是山区，都是经常见到的。我国的毒蛇，多数属于亚洲蝮蛇，毒性很大，可伤害人畜。在毒蛇较多的地区，放牧时要多加注意。防蛇的常规办法就是“打草惊蛇”，先用羊鞭在草上抽打一阵，然后再放羊进去。

③防毒草：不论草原还是山区，都有毒草杂生在牧草中。其特点是：幼嫩时，毒性强；大半生长在潮湿的阴坡上；春季返青早。防毒草的办法：常采用“迟牧饱牧”的方式。“迟牧”就是推迟放牧的时间，等毒草大了、毒性小了再放牧。“饱牧”就是等山羊在好草地上吃到多半饱时，再到有毒草的地带放牧。山羊一般不大爱吃毒草，只有在空肚放牧时，才会因饥不择食吃入大量毒草，不易吐出而中毒。

(4)数羊 在放牧时要注意数羊。群众说得好：“一天数三遍，丢了在眼前；三天数一遍，丢了寻不见。”一般要求每天出牧前、收牧后各数一遍。

(5)训练带头羊和牧羊犬 这是放牧当中必不可少的两项工作。

①训练带头羊：羊具有合群性，一群羊有一定的组织和纪律，还有一个领导者，我们称之为“头羊”，羊群的一切行动随头羊而动。所以训练头羊很重要。头羊可从羔羊起给它偏爱，日久，人羊有了感情，羊便“招之能来，驱之能去”。当主人一进羊群，头羊就会来迎接，其他羊也会随之而来，这在放牧上有很多便利之处。

②训练牧羊犬:使用牧羊犬,能节省劳力,这在国内外早已是共识。优秀的牧羊犬应具备以下特点:性情活泼,来回奔跑能力强;能小心地帮助羊群;对待羊的态度温和而坚定;目光敏锐,警惕性高;聪明,有带头的能力。

牧羊犬必须经过调教才行。对牧羊犬的训练分两个阶段。第一阶段是教它服从纪律,能按口哨、言语和信号执行命令。第二阶段是带它出去参观已训练好的犬如何工作,然后让它和其他犬一起工作。一般从断乳后(9～10周)开始调教,5～6月龄后就可以学会一些简单的放牧工作。

在训练牧羊犬时,既要态度温和,又要果断坚决。训练时,须循序渐进,不能急躁,切不可失去耐性,急躁的人往往容易将急躁的脾气传给犬。主人要做一个好的榜样。命令不可太多,但每次的命令必须让其遵守。每当牧羊犬表现好时,应及时鼓励或奖励,让它继续这种表现。当它犯错误时,如咬羊或不听话,必须给予体罚或严厉训斥。

五、山羊的日常管理

1.编号

对羊进行个体编号是山羊育种工作中不可缺少的技术环节。编号基本要求是简明、便于识别、不易脱落,有一定的科学性、系统性,便于资料的保存、统计和管理。

给羊编号常使用金属耳标或塑料标牌,也有采用墨刺法的。农区或半农半牧区饲养山羊,羊群较小,可采用缺口法或烙角法编号。

(1)耳标法　用金属耳标或塑料标牌在羊耳的适当位置(耳上缘血管较少处)打孔、安装,即耳标法。金属耳标可在使用前按规定统一打号后分戴。耳标上可打上场号、年号、个体号,个体号单数代表公羊,双数代表母羊。总字符数不超过 8 位,有利于用微机管理资料。

塑料标牌在佩带前用专用书写笔写上耳号,编号方法同上。对在丘陵山区或其他灌木丛放牧的山羊,编号时提倡佩带双耳标,以免因耳标脱落给育种资料管理造成麻烦。使用金属耳标时,可将打有字号的一面戴在耳的内侧,以免因长期摩擦造成字迹缺损或模糊。

(2)缺口法 不同地区在缺口的表示方法及代表数字大小上有一定差异,但原理是一致的,即用耳部缺口的位置、数量来对羊进行个体编号。数字排列、大小的规定可视羊群规模而异,但同一地区、同一羊场的编号必须统一。缺口法一般遵循上大、下小、左大、右小的原则。编号时,要尽可能减少缺口数量,缺口之间的界线要清晰、明了,要对缺口认真消毒,防止感染。

(3)墨刺法 用专用墨刺钳在羊的耳朵内侧,刺上羊的个体号,即墨刺法。这种方法简便经济,无掉号危险。但常常由于字迹模糊而难于辨认,目前已较少使用。

(4)烙角法 用烧红的钢字将编号依次烧烙在羊的角上,即烙角法。此法对公、母羊均有角的品种较适合。此法无掉号危险,检查起来也很方便,但编号时较耗费人力和时间。

2.去角

羔羊去角是奶山羊饲养管理的重要环节。奶山羊有角容易发生创伤,不便于管理,个别性情暴烈的种公羊可能会攻击饲养员,造成人身伤害。因此,采用人工方法去角十分重要。羔羊一般在出生后7～10天内去角,这样对羊损伤较小。人工哺乳的羔羊,最好在学会吃奶后进行去角。有角的羔羊出生后,角蕾部呈漩涡状,触摸时有一较硬凸起。去角时,先将角蕾部分的毛剪掉,剪的面积应稍大一些(直径约 3 厘米)。去角的方法主要有以下两种:

(1)烧烙法 将烙铁于炭火中烧至暗红后(亦可用功率为 300 瓦

左右的电烙铁)，对保定好的羔羊的角基部进行烧烙。烧烙的次数可多一些，但每次烧烙的时间不超过10秒。当破坏表层皮肤并伤及角原组织后，可结束烧烙，并对术部进行消毒。在条件较差的地区，也可用2～3根40厘米长的锯条代替烙铁使用。

(2)化学去角法　用棒状苛性碱(氢氧化钠)在角基部摩擦，破坏其皮肤和角原组织。术前应在角基部周围涂抹一圈医用凡士林，以防碱液损伤周围皮肤。操作时先重后轻，将角擦至有血液浸出即可。摩擦面积要稍大于角基部。术后应将羔羊后肢适当捆住(松紧程度以羊能站立和缓慢行走为宜)。由母羊哺乳的羔羊，在半天以内应与母羊隔离。哺乳时，也应尽量避免羔羊将碱液染到母羊的乳房上而造成其损伤。去角后，可给伤口撒上少量的消炎药物。

3.去势

不宜做种用的公羔要进行去势，去势时间一般为1月龄左右，多在春、秋两季气候凉爽、天气晴朗的时候进行。幼羊去势手术简单、操作容易，去势后恢复较快。去势的方法有阉割法、结扎法和无血去势法。

(1)阉割法　将羊保定后，用碘酒和酒精对术部进行消毒，术者左手握紧阴囊的上端将睾丸压迫至阴囊的底部，右手用刀将阴囊下端与阴囊中隔平行的位置切开，切口大小以能挤出睾丸为宜。睾丸挤出后，将阴囊皮肤向上推，露出精索，采用剪断或拧断的方法均可。在精索断端涂以碘酒消毒，在阴囊皮肤切口处撒上少量消炎药物。

(2)结扎法　术者左手握紧阴囊基部，右手撑开橡皮圈将阴囊套入，反复扎紧，以阻断下部的血液流通。约经15天，阴囊连同睾丸自然脱落。此法较适合1月龄左右的羔羊。在结扎后，要注意检查，以防橡皮圈断裂或结扎部位发炎、感染。

(3)无血去势法　用无血去势钳在阴囊的上方透过阴囊的皮肤夹断左右精索。将羊保定、局部麻醉后，手术者用手抓住羊的阴囊上部，将其睾丸挤到阴囊底部，并将精索推挤到阴囊外侧，再用长柄精索固定钳将其夹在精索内侧皮肤上，以防精索滑动。然后用无血去势钳夹住精索，在确定精索已经被钳口夹住之后，用力合拢钳柄，即可听到清脆的"咔嗒"声，表明精索已被夹断。钳柄合拢后应停留至少1分钟，再松开钳嘴，以保证精索完全断裂。松开钳子，再于其下方1.5～2.0厘米处的精索上钳夹第二次，确保手术效果。对另外一侧的精索采取同样操作，钳夹处皮肤用碘酊消毒。手术6周后，检查接受手术的羊，察看其睾丸是否已经萎缩、消失，以确保手术效果。

4.修蹄

修蹄是重要的保健工作环节，对舍饲山羊尤为重要。羊蹄过长或变形，会影响羊的行走，产生蹄病，甚至造成羊只残废。舍饲山羊每1～2个月应检查和修蹄1次，其他羊只可每半年修蹄1次。

修蹄可选在雨后进行，此时蹄壳较软，容易操作。修蹄的工具主要有蹄刀、蹄剪(也可用其他刀、剪代替)。修蹄时，羊呈坐姿保定，背靠操作者，一般先从左前肢开始，术者用左腿架住羊的左肩，使羊的左前膝靠在人的膝盖上，左手握蹄，右手持刀、剪，先除去蹄下的污泥，再将蹄底削平，剪去过长的蹄壳，将羊蹄修成椭圆形。

修蹄时要细心操作、动作准确，要一层一层地往下削，不可一次切削过深。一般削至可见到淡红色的微血管为止，不可伤及蹄肉。修完前蹄后，再修后蹄。修蹄时若不慎伤及蹄肉，造成出血，可视出血多少采用压迫止血或烧烙止血的方法。烧烙时应尽量减少对其他组织的损伤。

5.药浴

药浴的目的是预防和治疗羊体外寄生虫病，如羊疥癣、羊虱等。羊群一旦发生体外寄生虫病，就很容易在羊群内蔓延，造成巨大的经济损失。除对病羊及时隔离并严格进行圈舍消毒、灭虫外，药浴是防

治疥癣等体外寄生虫病的有效方法。定期药浴是山羊管理的重要环节。

药浴在专门的药浴池或大的容器内进行。目前,国内外也在推广喷雾法药浴,但设备投资较高,国内中、小羊场和农户一时还难以采用。

为保证药浴安全有效,除按不同药品的使用说明书正确配制药液外,还可在大批羊只药浴前,用少量羊只进行试验,确认不会引起中毒后,再让大批羊只进行药浴。在使用新药时,这点尤其重要。

羊只药浴时,要保证全身各部位均被洗到,药液要浸透被毛,要适当控制羊只通过药浴池的速度。对头部,需要人工浇一些药液淋洗,但要避免将药液灌入羊的口腔。药浴的羊只较多时,中途应补充水和药液,使其保持适宜的浓度。对疥癣病患羊可在第一次药浴 7 天后,再进行一次药浴,并结合局部治疗,使其尽快痊愈。

6.挤奶

挤奶技术要求高、劳动强度大。技术的好坏,直接影响羊奶产量,如果操作不当,可能造成羊只乳房疾病。挤奶的程序具体如下。

(1)上挤奶台 将羊牵引上挤奶台(已习惯挤奶的母羊,可自动走上挤奶台),用颈枷或绳子固定,在挤奶台前方的小食槽内撒上一些混合精料,使羊只安静采食,便于挤奶。

(2)擦洗乳房 用清洁毛巾在温水中打湿后,擦洗乳房 2～3 遍,再用干毛巾擦干。

(3)按摩 在擦洗乳房时、挤奶前和挤奶过程中要对乳房进行按摩,以柔和的动作左右对揉几次,再由上而下进行按摩,使羊的乳房变得充盈并有一定的硬度和弹性。每次挤奶需按摩 3～4 次,挤出部分奶汁后,可再按摩 1 次,有利于将乳汁挤干净。

(4)挤奶 最初挤出的几把奶不要。挤奶的方法一般采用拳握法或滑挤法,以拳握法较好。每天挤奶 2～3 次。

(5)称奶和记录 每次挤完奶后要及时称重,并做好记录。在奶山羊的育种工作中,母羊的产奶量记录尤为重要,必须做到准确、完整,并符合育种资料记录的具体要求。

(6)过滤、消毒羊奶 称重后,羊奶需经四层纱布过滤,而后装入盛奶桶,及时送往收奶站或经消毒处理后短期保存。消毒一般采用低温巴氏法,即将羊奶加热(最好是间接加热)至60～65℃,并保持30分钟,可起到灭菌和保鲜的作用。羊奶鲜销时必须经巴氏消毒处理后才能上市。

(7)清扫 挤奶完毕后,必须将挤奶间的地面、挤奶台、饲槽、清洁用具、毛巾等清洗干净,毛巾等可煮沸消毒后晾干,以备下次挤奶使用。

8.捉羊、抱羊、引羊方法

在饲养山羊的过程中,经常需要捉羊、抱羊、引羊前进。捉羊、抱羊、引羊是每个饲养员都应掌握的实用技术。如果乱捉、乱抱、乱引山羊,或方法和姿势不对,就会造成不良后果。特别是种公羊,胆子大、性烈,搞不好会伤羊、伤人,这种现象在实践中常有发生。

(1)捉羊 捉羊的正确方法是:趁羊没有防备的时候,迅速地用一只手捉住山羊的后腿与体躯交界处,因为此处皮肤松、柔软,容易抓住;或者用手迅速抓住后腿飞节以上部位,但不要抓飞节以下部位,以免引起羊腿脱臼。除这两部位外,其他部位不可乱抓,特别是背部的皮肤,因其最容易与肌肉分离,如果抓羊时不够细心,往往会使皮肤下的微细血管破裂,受伤的皮肤颜色变深,要两周后才能恢复正常。

(2)抱羊 抱羊是饲养羔羊时最常用的一项管理技术。正确的方法是把羔羊捉住后,人站在羔羊的左侧,左手由羔羊两前腿中间伸进并托住胸部,右手先抓住右侧后腿飞节,把羊抱起后再用胳膊由后侧把羊羔抱紧,这样羔羊紧贴人身,抱起来既省力,羔羊又不会乱动。

(3)引羊　山羊性情固执，不能强拉前进，而应用一手扶在山羊的颈下部，以便左右其前进方向，另一手在山羊尾根部搔痒，山羊即随人意前进。如此方法不生效，可用两手分别握住山羊的两后肢，将其后躯提高，使两后腿离地。因其身体重心向前移，再加上捉羊人用力向前推，山羊就会向前进。

第五章 羊场的设计与建设

羊场建设既要因时、因地制宜，又要眼光长远。随着科技进步与生产力的发展，新的养羊方式必将逐步取代落后的方式，由单一的专业户养羊转变为大规模集约化工厂养羊，实现养羊生产的现代化。

一、羊场选址的基本要求和原则

1.羊场选址的基本要求

(1)地形、地势 山羊喜干燥，厌潮湿，所以干燥通风、冬暖夏凉的环境是羊只最适宜的生活环境。羊场地址要求地势较高、避风向阳、地下水位低、排水良好、通风干燥、南坡向阳，切忌选在低洼涝地、山洪水道、冬季风口之地(见图 5-1)。

(2)水源 羊的生产需水量比较大，除了羊只饮用以外，羊舍的冲洗也需要大量的水。水源在选择场址时应该重点考虑。水源应供应充足，清洁、无严重污染，上游地区无严重排污厂、无寄生虫污染危害区。主要以舍饲为主时，水源以自来水为最好，其次是井水。舍饲羊的日需水量大于放牧羊，夏、秋季的日需水量大于冬、春季。

(3)交通便利，能保证防疫安全 羊场应距离主干道 500 米以上，有专用道路与公路相连，避免将养殖区连片建在主要公路的两侧。羊场要有良好的水、电、路等公用配套设施。场内兽医室、病畜

隔离室、贮粪池、尸坑等应位于羊舍的下风方向，距离 500 米以外。各圈舍间应有一定的隔离距离。羊场的选址应该考虑远离居民区和其他人口比较密集的地区。

(4)避免人畜争地 选择荒坡闲置地或农业种植区域，禁止选择基本农田保护区。选择有广袤的种植区域、较大的粪污吸纳量及建设有配套排污处理设施的场地，使有机废弃物经处理达标后能够循环利用。禁止在旅游区、自然保护区、人口密集区、水源保护区和环境公害污染严重的地区及国家规定的禁养区建设羊场。

(5)符合国家相关规定 根据国家有关规定，羊场场址的选择必须经环境保护、土地资源管理以及畜牧主管部门联合做出“畜禽养殖环境影响评价”，并在一定区域范围内向民众进行公众调查和公示后方可确定。

图 5-1 羊场选址要符合要求

2.修建羊场应遵循的原则

(1)因地制宜 羊场的规划、设计及建筑物的建造绝对不可简单模仿，应根据当地的气候、场址的形状、地形地貌、小气候、土质及周边实际情况进行规划和设计。

(2)适用经济 建场修圈不仅要能够适应集约化、程序化养羊生产流程的需要和要求，而且还应尽量减少投资成本。因为养羊生产毕竟仅是一种低附加值的产业，任何原因造成的生产经营成本的增加，要以微薄的盈利来补偿都是不经济的。

(3)急需先建　羊场的选址、规划、设计全都做好以后，一般不采取把全部场舍都建设齐全以后再开始养羊的方式。相反地，应当根据经济能力办事，先按照能够达到盈利规模的需要进行建设，并使羊群尽快达到这种规模。

(4)逐步完善　一个羊场，特别是大型羊场，基本设施的建设一般都是分期分批进行的，像空怀母羊舍、配种室、怀孕母羊舍、产房、带羔母羊舍、种公羊舍、隔离羊舍、兽医室等设施在设计、要求、功能上各不相同，绝对不能待修建齐全以后才开始养羊。若为复合式经营，可先建一些功能比较齐全的带羔母羊舍，以代替别的羊舍之用。至于办公用房、产房、配种室、种公羊圈，可在某栋带羔母羊舍某一适当的位置留出一定的间数，暂为其所用，以备生产之急需。等别的专用羊舍、建筑建好以后，再把这些临时占用的带羔母羊舍逐渐用于饲养带羔母羊。

二、羊舍建造的基本要求

1.地面

地面是羊运动、采食和排泄的场所，按建筑材料的不同来划分，有土、砖、水泥和木质地面等。

(1)土质地面　土质地面属于暖地面(软地面)类型。其优点是柔软，富有弹性，不光滑，易于保湿，造价低廉；缺点是不够坚固，容易出现小坑，不便于清扫消毒，易形成潮湿的环境。用土质地面时，可混入石灰，增强黄土的黏固性，也可用三合土(石灰∶碎石∶黏土＝1∶2∶4)做地面。

(2)砖砌地面　砖砌地面属于冷地面(硬地面)类型。其优点是具有一定的保温性能,因为砖的空隙较多,导热性小。其缺点是,成年母羊舍粪尿相混的污水较多,容易造成环境污染;且砖地易吸收大量水分,破坏其本身的导热性,所以容易变冷、变硬;砖地吸水后,经冻易破碎,加上本身磨损,容易形成坑穴,不便于清扫消毒。所以用砖砌地面时,砖宜立砌,不宜平铺。

(3)水泥地面 水泥地面属于硬地面类型。其优点是结实、不透水、便于清扫消毒;缺点是造价高、地面太硬、导热性强、保温性能差。为防止地面湿滑,可将表面做成麻面。

(4)漏缝地板 集约化饲养的羊舍可建造漏缝地板,用木条、竹子等材料制成,缝隙宽度一般为 15 毫米左右,适于成年羊和 3 月龄以上羔羊使用。漏缝地板羊舍需配以污水处理设备,造价较高。国外大型羊场和我国南方一些羊场已普遍采用这种类型的地面(见图 5-2)。

图 5-2 漏缝地板

2.墙体

墙体对羊舍的保温与隔热起着重要作用,一般多采用土、砖、石等材料建成(见图 5-3)。近年来,建筑材料科学发展很快,许多新型建筑材料如金属铝板、钢构件和隔热材料等,已经用于各类羊舍建筑中。用这些材料建造的羊舍，不仅外形美观、性能好，而且造价不比传统的砖瓦结构建筑高多少，是未来大型集约化羊场建筑的发展方向。

图 5-3　墙体

3.屋顶和天棚

屋顶应具备防雨和保温隔热功能。挡雨层可用陶瓦、石棉瓦、金属板或油毡等制作。在挡雨层的下面，应铺设保温隔热材料，常用的有玻璃丝、泡沫板和聚氨酯等保温材料(见图 5-4)。

图 5-4　屋顶和天棚

4.运动场

运动场应设在羊舍的南面，其地面应低于羊舍地面，并向外稍倾斜，以便于排水和保持干燥(见图 5-5)。

图 5-5 运动场

5.围栏

羊舍内和运动场四周均设有围栏，其功能是将不同大小、不同性别和不同类型的羊互相隔离开，并把它们限制在一定的活动范围之内，以利于提高生产效率和便于科学管理。

围栏高度以 1.5 米较为合适，材料可以是木栅栏、铁丝网、钢管等。围栏必须有足够的强度和牢度，因为山羊顽皮、好斗、运动撞击力大。

6.食槽和水槽

食槽和水槽尽可能设计在羊舍内部，以防雨水和冰冻。食槽可用水泥、铁皮等材料建造，深度一般为 15 厘米，不宜太深，底部应为圆弧形，四角也要为圆弧形，以便清洁打扫(见图 5-6)。水槽可用成品陶瓷、水泥或其他材料建造，底部应有放水孔。

图 5-6　食槽

三、羊舍的类型

羊舍的功能主要是为羊只保暖、遮风避雨和便于羊群的管理。用于规模化饲养的羊舍，除了具备相同的基本功能外，还应该充分考虑不同生产类型山羊的特殊生理需要，尽可能保证羊群有较好的生活环境。中国养羊业分布区域广，环境条件及生产方式差异大，所以，羊舍主要分为以下几种类型。

1.长方形羊舍

这是中国养羊业采用较为广泛的一种羊舍类型。这种羊舍具有建造方便、变化样式多、应用性强的特点。可根据不同的饲养地区、饲养方式、饲养品种及羊群种类，设计内部结构、布局和运动场。

在牧区，羊群以放牧为主，除冬季和产羔季节才利用羊舍外，其余大多数时间均在野外放牧，因此，牧区羊舍的内部结构相对简单些，只需要在运动场安装必要的饮水、补饲及草料架等设施即可。以舍饲或半舍饲为主的养羊区或以饲养奶山羊为主的羊场和专业户，应在羊舍内部安装草架、饲槽和饮水等设施。

以舍饲为主的羊舍多修为双列式。双列式又分为对头式和对尾式两种。双列对头式羊舍中间为走道，走道两侧各修一排带有颈枷的固定饲槽，羊只采食时头对头。双列对尾式走道、饲槽、颈枷靠羊舍两侧窗户而修，羊只采食时尾对尾。双列羊舍的运动场可修在羊舍外的一侧或两侧。羊舍内可根据需要隔成小间，也可不隔；运动场同样可分隔，也可不分隔（见图 5-7）。

图 5-7　长方形羊舍

2. 楼式羊舍

在气候潮湿的地区，为了保持羊舍的通风干燥，可修建漏缝地板式羊舍。夏秋季，羊住楼上，粪尿通过漏缝地板落入楼下地圈；冬春季，将楼下粪便清理干净后，楼下住羊，楼上堆放干草饲料，防风防寒，一举两得。漏缝地板可用木条、竹子铺设，也可铺设水泥预制漏缝地板。漏缝缝隙为 1.5～2.0 厘米，离地面距离为 2.0 米左右。楼上开设较大的窗户，楼下则只开较小的窗户，楼上面对运动场一侧可修成半封闭式，也可修成全封闭式。饲槽、饮水槽和补饲草架等均可修在运动场内（见图 5-8）。

图 5-8　楼式羊舍

3.塑料薄膜大棚式羊舍

用塑料薄膜建造羊舍，可提高舍内温度，在一定的程度上改善寒冷地区冬季养羊的生产条件，有利于发展适度规模的专业化养羊生产，而且投资少、易于修建。塑料薄膜大棚羊舍的修建，可利用已有的简易敞圈或羊舍的运动场，搭建好骨架后扣上密闭的塑料薄膜即可。骨架材料可选用木材、钢材、竹竿、铁丝、铅丝和铝丝等。塑料薄膜可选用白色透明、透光好、强度大、厚度为 100～120 微米、宽度 3～4 米、抗老化和保温好的膜，例如聚氯乙烯膜、聚乙烯膜等。塑膜棚羊舍可修成单斜面式、双斜面式、半拱形或拱形。薄膜可覆盖单层，也可覆盖双层。棚内圈舍排列，既可为单列，也可修成双列。结构最简单、最经济实用的为单斜面单层单列式膜棚。

建筑方向坐北朝南。棚舍中梁高 2.5 米，后墙高 1.7 米，前沿墙高 1.1 米。后墙与中梁间用木材搭棚，中梁与前沿墙间用竹片搭成弓形支架，上面覆盖单层或双层膜。棚舍前后跨度 6 米、长 10 米，中梁垂直地面，与前沿墙距离 2～3 米。山墙一端开门，供饲养员和羊群出入，门高 1.8 米、宽 1.2 米。在前沿墙基 5～10 厘米处留进气孔，棚顶开设 1～2 个排气百叶窗，排气孔孔径应为进气孔的 1.5～2

倍。棚内可沿墙设补饲槽、产仔栏等设施。棚内圈舍可隔离成小间，供不同年龄的羊只使用。

四、羊场的基本设施

羊多以放牧为主，因此舍内设施较为简单。最基本的设施简要介绍如下。

1. 饲槽、草架

饲槽用于冬春季补饲混合精料、颗粒料、青贮料和供饮水之用。草架主要用于补饲青干草。饲槽和草架有固定式和移动式两种。固定式饲槽可用钢筋混凝土制作，也可用铁皮、木板等材料制成，固定在羊舍内或运动场内。草架可用钢筋、木条和竹条等材料制作。饲槽、草架设计制作的长度应使羊只采食时互不干扰，且羊脚不能踏入槽中或架内，并避免架内草料落在羊身上（见图 5-9）。

图 5-9　饲槽

2. 多用途活动栏圈

多用途活动栏圈主要用于临时分隔羊群及分离母羊与羔羊之用，可用木板、木条、原竹、钢筋、铁丝等制作。栏的高度视其用途可高可低，羔羊栏1～1.5米，大羊1.5～2米。栏圈可做成移动式，也可做成固定式。

3.药浴设备

为羊设置的、防治体外寄生虫的药浴池（见图5-10、5-11），是用砖、石、水泥等建造成的狭长的水池，长10～12米，池顶宽60～80厘米，池底宽40～60厘米，深1～1.2米，以装了药液后不淹没羊头部为准。入口处设漏斗形围栏，羊群依次滑入池中洗浴，出口设有一定倾斜坡度的小台阶，可以使羊缓慢地出池，让身上的药液流回池中。

图5-10　药浴池

图5-11　药浴池

4.青贮设备

青贮的方式有很多种，常用的青贮设备有以下几种：

(1)青贮袋　用特制塑料大袋作为贮藏工具，这在国内外使用均

较为普遍。这种塑料大袋长度可达数米，例如有一种厚 0.2 毫米、直径2.4米、长 60 米的聚乙烯膜圆筒袋，可根据需要，剪切成不同长度的袋子。用青贮袋制作青贮料，损失少、成本低，很适于农村专业户采用(见图 5-12)。

图 5-12　青贮袋

(2)青贮窖或青贮壕　选择地势高、干燥、地下水位低、土质坚实、离羊舍近的地区建青贮窖或青贮壕。窖的大小可视具体情况而定，直径一般为 2.5 米，深 3～4 米。长方形青贮壕，宽 3.0～3.5 米，深 10 米左右，长度视需要而定，为 15～20 米(见图 5-13)。用青贮壕和青贮窖进行青贮，优点是设备成本低，容易制作，尤其适合北方农牧区；缺点是地势选择不好时，窖内容易积水，导致青贮霉烂，开窖后需要尽快用完。

图 5-13　青贮壕

五、不同生产方向所需羊舍的面积

不同生产方向的羊群，以及处于不同生长发育阶段的羊只，所需要的羊舍面积是不相同的。羊舍总面积大小主要取决于饲养量多少。羊舍过小、舍内潮湿、空气污染严重时，会妨害羊的健康生长，影响生产效率，也不方便管理。不同方向的羊舍使用具体面积见表5-1、表5-2。

表 5-1　各种羊所需羊舍面积(单位:平方米/只)

项目	奶山羊	绒山羊	肉用山羊	毛皮羊
面积	2.0～2.5	1.5～2.5	1.0～2.0	1.2～2.0

表 5-2　同一生产方向各类羊只所需羊舍面积(单位:平方米/只)

项目	产羔母羊	公羊群饲	公羊单饲	育成公羊	周岁母羊	羔羊去势后	3～4 月龄断奶羔羊
面积	1～2	2～2.5	4～6	0.7～1	0.7～0.8	0.6～0.8	母羊的 20%

参考文献

[1] 姜勋平,熊家军,张庆德. 羊高效养殖关键技术精解[M]. 北京:化学工业出版社,2010.

[2] 赵有璋. 现代中国养羊[M]. 北京:金盾出版社,2005.

[3] 赵有璋. 羊生产学[M]. 北京:中国农业出版社,2010.

[4] 肖光明. 山羊养殖[M]. 长沙:湖南科学技术出版社,2005.

[5] 宋清华. 山羊养殖技术[M]. 成都:电子科技大学出版社,2010.

[6] 权凯. 肉羊标准化生产技术[M]. 北京:金盾出版社,2011.

[7] 臧彦全,王加启. 肉用山羊营养需要量的研究进展[J]. 国外畜牧科技,2002(29):3－8.

[8] 刁其玉,张仲伦. 山羊的营养需要及育肥[J]. 中国草食动物,2000(2):34－35.

[9] 毛德柱. 不同营养水平对全舍饲山羊生长发育的影响[J]. 中国畜牧杂志,2004(40):52－53.

[10] 陈火清. 山羊需要的营养种类[J]. 福建农业,2001(10):18.

[11] 王学君. 羊人工授精技术[M]. 郑州:河南科学技术出版社,2003.